U0109071

羅大頭數學冒險

進階2

羅阿牛工作室 ◎ 著

中華教育

責任編輯　葉楚溶
裝幀設計　鄧佩儀
排　　版　陳美連
印　　務　劉漢舉

羅阿牛工作室 ◎ 著

出版｜中華教育
香港北角英皇道 499 號北角工業大廈 1 樓 B 室
電話：(852) 2137 2338　傳真：(852) 2713 8202
電子郵件： info@chunghwabook.com.hk
網址： http://www.chunghwabook.com.hk

發行｜香港聯合書刊物流有限公司
香港新界荃灣德士古道 220-248 號荃灣工業中心 16 樓
電話：(852) 2150 2100　傳真：(852)2407 3062
電子郵件： info@suplogistics.com.hk

印刷｜泰業印刷有限公司
香港新界大埔工業邨大貴街 11 至 13 號

版次｜2024 年 3 月第 1 版第 1 次印刷

規格｜16 開（235mm x 170mm）

ISBN｜978-988-8861-44-6

羅大頭

性格　遇事沉着冷靜，善於思考，對事情有獨到的見解。

數學能力　對研究數學問題有極大的興趣和熱情，有較高的數學天賦。

性格　文科教授的孫女，心思細膩，喜好詩詞，出口成章。和很多的女孩子一樣，害怕蟲子，愛美。

數學能力　對數學也十分感興趣，能夠發現許多男生發現不了的東西。

李沖沖

性格　人如其名，性格衝動，熱心腸，樂於助人，喜愛各種美食。

數學能力　善於提出各種各樣的問題，研學路上的開心果。

數學能力　萬能博士，有許多神奇的發明，是三個孩子研學路上的引路人，能在孩子們解決不了問題時從天而降，給予他們幫助，是孩子們成長的堅實後盾。

序言

大人們一般是通過閱讀文字來學習的，而小孩子則不然，他們還不能把文字轉化成情境和畫面，投映在頭腦中進行理解。因此，小孩子的學習需要情境。這也是小孩子愛看圖畫書，愛玩角色扮演遊戲（如過家家），愛聽故事的原因。

漫畫書是由情境到文字書之間的一種過渡，它既有文字書的便利，又有過家家這類情境遊戲的親切，解決了小孩子難以將大段文字轉化為情境理解的困難。因此，它深受孩子們的喜歡也是必然的。

羅阿牛（羅朝述）老師是我多年的好朋友，我很佩服他對於數學教育的執着。多年來，他勤於思考，樂於研究，在數學教育領域努力耕耘。他研究數學教學，研究數學特長生的培養，思考數學教育與學生品格的培養，並通過培訓、講學、編寫書籍，實踐自己的理想。尤其可貴的是，他在教學中不是緊盯着分數，而是重視孩子們思維的訓練和品德的養成。

這套書是他多年研究成果的又一結晶，書中將兒童的學習特點和數學的思維結合在一起，讓數學的思想、方法可視可見，讓學習數學不再困難。

任景業
全國小學數學教材編委（北師大版）
分享式教育教學倡導者

目錄

1. 質數？素數？

2 是質數！
這明明叫素數！

我爸都和我說了，這些數就是叫質數的。
它們明明就是素數。
都別吵啦！你們都講講你們有甚麼依據。

詞條：質數
質數是指在大於 1 的自然數中，除了 1 和它本身以外沒有其他因數的自然數。
質數的定義！

素數是恰好只有兩個因數的自然數。
2
1
2

有沒有一種可能，你們說的都是同一個東西。
絕不可能！
嗯嗯～

我們就去數字世界裏看看到底怎麼回事吧。
同意！

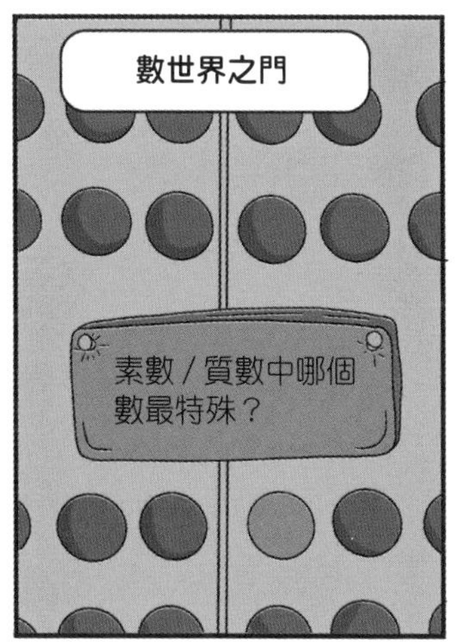
數世界之門
素數／質數中哪個數最特殊？

當然是 2 最特殊了。因為 2 是最小的素數，也是所有素數中唯一的偶數，是偶數中唯一的素數。
沒錯，2 是唯一一個偶質數。

哐哐！
門開啦！

這裏都是一些很特殊的質數，或者說素數，我們一起去看看吧。

你們有甚麼特殊之處？

現在總該看出來我們的特殊之處了吧！

我知道了！它們把「頭」脫掉後還是素數。
317 素數
2647 素數
17 素數

這位小朋友說對了，我們這幾個數字又叫斬頭質數。
你聽，你聽，它們自己都說了是質數了。
你等着看，肯定有不說自己是質數的。

你好，請問你們是甚麼特別的素數呢？

我們幾個是去尾素數啊。你猜猜我們為甚麼叫這個名字？
我知道了！

把你們後邊的數字去掉後，也是素數！599→59→5，2339→233→23→2。我沒說錯吧？
沒說錯！我也是去尾素數哦！你們看！

像 317 這樣特殊的數又叫斬頭去尾素數，或者斬頭去尾質數。

就這些特殊的質數嗎？
當然不是了！還有我們！我們是節日質數。
我代表國際兒童節：6月1日。
我代表香港回歸紀念日：7月1日。
我代表國慶節：10月1日。

咦？不見了？
真沒想到，這些數居然能表示節日呢。

是的，我記得還有一種像 101 一樣很特殊的數，它們在哪裏呢？

小 2 寶貝，你找我啊？
對啊！你又叫甚麼素數或者質數呢？

你把我讀一下吧，從左往右和從右往左是不是都是一樣的？
101

101，101。哎！是一樣的啊！
出來吧！朋友們，讓他們見識見識我們對稱素數的隊伍。
11
151
191
101
131
181
313

天哪！竟然有這麼多對稱素數！

我們去玩啦！下次見！

轟隆隆～

3
5
5
7
11
13
29
31
17
19

41
43
71
73
101
103
59
61

這些數是甚麼啊？它們怎麼在手拉着手跑步啊？

我沒看錯的話，這些應該都是孿生質數。除了 2 以外，所有的質數都是奇數，差為 2 的兩個質數叫孿生質數或叫雙胞胎質數。

有幾個數踩着獨輪車
過來了。

停一下！
給你們介紹一下。

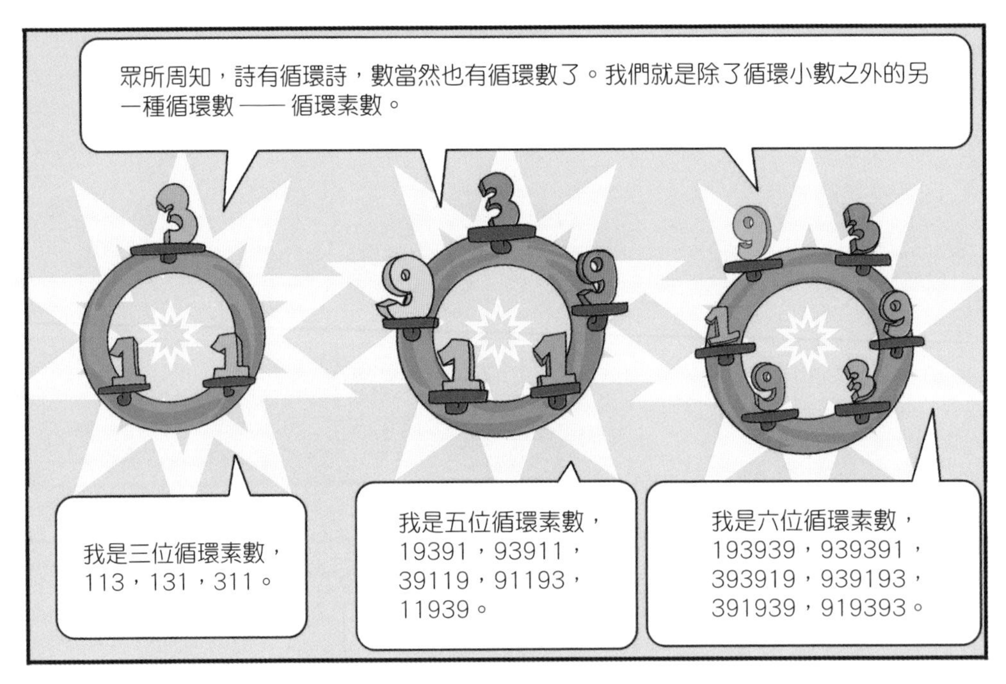
眾所周知，詩有循環詩，數當然也有循環數了。我們就是除了循環小數之外的另一種循環數 —— 循環素數。
我是三位循環素數，113，131，311。
我是五位循環素數，19391，93911，39119，91193，11939。
我是六位循環素數，193939，939391，393919，939193，391939，919393。

循環素數？你們是通過身上的數字循環嗎？
是啊，從我們身上的任何一個數字開始，不管順時針還是逆時針，都可以得到一個素數。像我們這樣的素數就是循環素數哦。

它們有的稱呼自己質數，
有的又叫自己素數，那麼
到底是素數還是質數呢？
對啊，到底叫甚
麼呢？

見識了這麼多你們還沒發現嗎？
這些數可是在提醒你們，這兩個
稱呼都是可以的啊。

是啊！是啊！質數和素數是同義
詞，都是指像我這樣的數，可你
們非得為了個稱呼爭論不休。
質數＝素數

原來是這樣，那我們不是白吵
了這麼久？

多虧了你們倆的爭論，我們才能了解
到那麼多的特殊質數呢。

2. 素數大舞台

是歐拉先生和烏拉姆先生舉辦的世界數學晚會門票！
數學晚會

這場晚會還有一場時裝比賽，獲勝團隊將獲得一項神祕大禮！
我們一起穿着白大褂如何？

扮成幽靈去嚇人？

我們可以想想他們有甚麼共同點。
我想到了一個！

他們兩位大神都研究過素數。
對！沒錯！

我有個好主意！
你想在上面寫滿素數？

1	2	3	4	5	6	7	8	9	10
11	12	13	14	15	16	17	18	19	20
21	22	23	24	25	26	27	28	29	30
31	32	33	34	35	36	37	38	39	40
41	42	43	44	45	46	47	48	49	50
51	52	53	54	55	56	57	58	59	60
61	62	63	64	65	66	67	68	69	70
71	72	73	74	75	76	77	78	79	80
81	82	83	84	85	86	87	88	89	90
91	92	93	94	95	96	97	98	99	100

這裏的燈光是用星星排列成的。
數學王國的星座，很多都是大名鼎鼎的數學家發現的數列。

歐拉先生似乎把他最得意的作品都展示出來了呢。

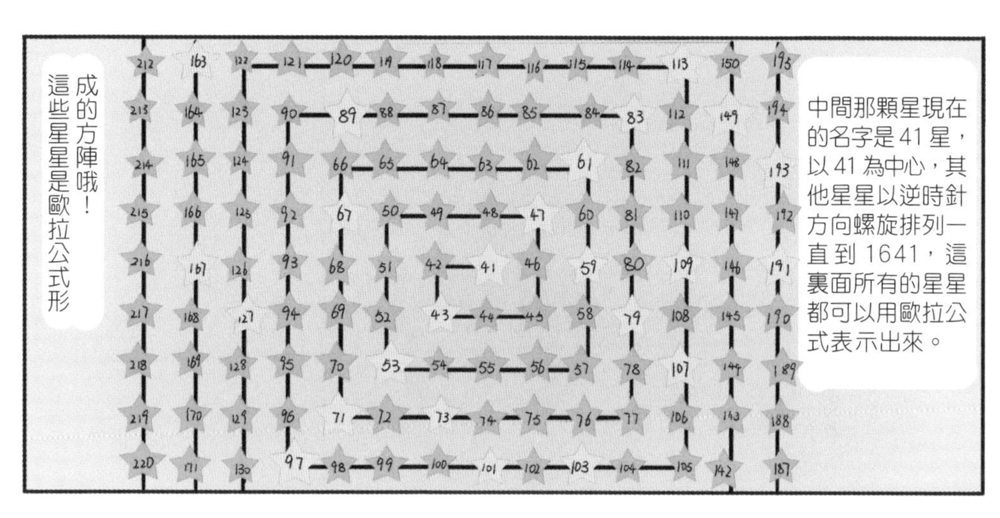
這些星星是歐拉公式形成的方陣哦！
212 163 122 121 120 119 118 117 116 115 114 113 150 195
213 164 123 90 89 88 87 86 85 84 83 112 149 194
214 165 124 91 66 65 64 63 62 61 82 111 148 193
215 166 125 92 67 50 49 48 47 60 81 110 147 192
216 167 126 93 68 51 42 41 46 59 80 109 146 191
217 168 127 94 69 52 43 44 45 58 79 108 145 190
218 169 128 95 70 53 54 55 56 57 78 107 144 189
219 170 129 96 71 72 73 74 75 76 77 106 143 188
220 171 130 97 98 99 100 101 102 103 104 105 142 187
中間那顆星現在的名字是 41 星，以 41 為中心，其他星星以逆時針方向螺旋排列一直到 1641，這裏面所有的星星都可以用歐拉公式表示出來。

該我們去走 T 台了。

這……這……烏拉姆先生的品味還真是獨特啊！

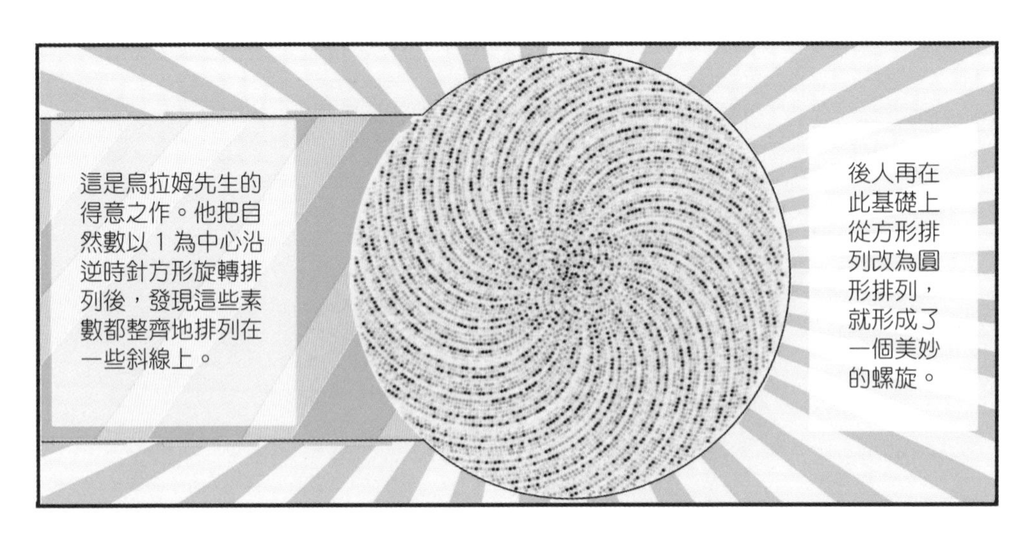
這是烏拉姆先生的得意之作。他把自然數以 1 為中心沿逆時針方形旋轉排列後，發現這些素數都整齊地排列在一些斜線上。
後人再在此基礎上從方形排列改為圓形排列，就形成了一個美妙的螺旋。

多麼美妙的螺旋圖形！

我是最漂亮的。

我感覺……前往美妙的天堂了。

恭喜羅大頭、朱栗、李沖沖獲得別具匠心獎！有請歐拉先生、烏拉姆先生為他們頒獎！

為甚麼是蟬？
因為蟬是為質數而生的動物。
卵
幼蟲
脫殼
爬出地面

蟬經過漫長的進化，生命週期多為 17 年和 13 年，這樣可以最大限度避免與生命週期為 2 年、3 年、4 年、6 年及 12 年的天敵相遇，從而更有利於實現種族的延續。
那麼 13 年的蟬和 17 年的蟬生出來的蟬，其生命週期會是甚麼樣呢？
4 年
6 年
6 年
17 年

這個問題，還需要等待我們的科學家解答呢。希望你們三個能在這項研究中做出創造性的貢獻呢！

記住 1～100 這 100 個數中有 25 個素數，這對數學學習很有用！

100 以內質數歌：
2、3、5、7 和 11；13 之後接 17；19、23、29、31 之後接 37；41、43、47、53、59、61；67 帶出 71、73、79、83；89 之後是 97。

大熊貓？
功夫熊貓？
2
3
5,7
和11
13和17
19,23,29
41,43,47
31和37
53,59,61
67和71
73,79,83
89
97
質數熊貓？

3. 142857 大世界

身分驗證完成。歡迎阿柳博士、李沖沖、羅大頭、朱栗來到 142857 大世界。
唰～

阿柳博士，我們是從中國一下子來到了埃及嗎？

這裏可不是埃及，這裏是142857大世界。
142857 大世界是甚麼？這數字我好像在哪裏聽到過。

阿柳博士，你說的 142857 大世界是因為天空上到處是古埃及數字 142857 嗎？
這就需要你們自己去發現了。

嘩！

這確實是古埃及數字142857，但是，這不全是這個世界被稱為 142857 大世界的原因。走吧，我們去金字塔裏看看他們的生活。

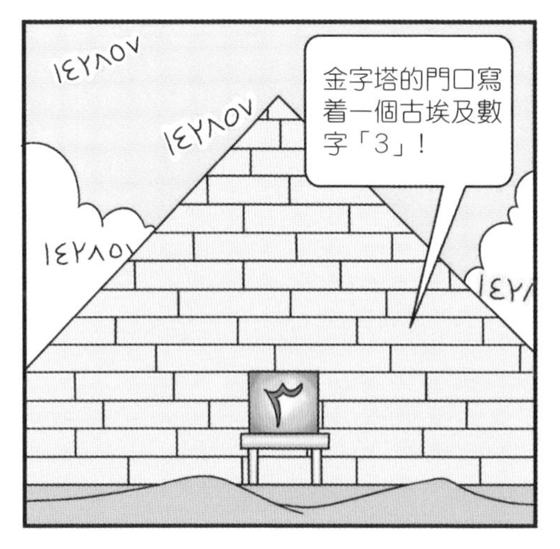
金字塔的門口寫著一個古埃及數字「3」！

想要進入 3 號金字塔，就得告訴我們 142857 的一個含義。

我提示你們一下，用 142857 分別乘 1 到 14。

我知道了！

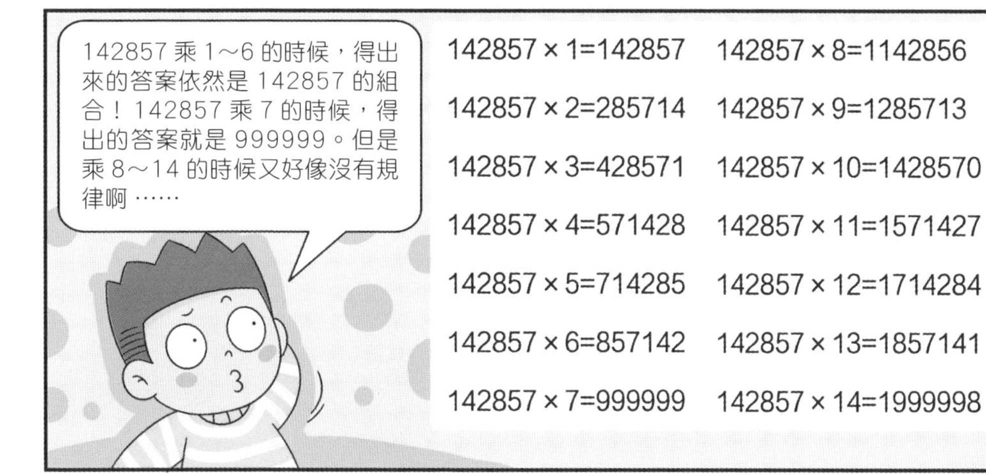
142857 乘 1～6 的時候，得出來的答案依然是 142857 的組合！142857 乘 7 的時候，得出的答案就是 999999。但是乘 8～14 的時候又好像沒有規律啊……
142857 × 1=142857
142857 × 2=285714
142857 × 3=428571
142857 × 4=571428
142857 × 5=714285
142857 × 6=857142
142857 × 7=999999
142857 × 8=1142856
142857 × 9=1285713
142857 × 10=1428570
142857 × 11=1571427
142857 × 12=1714284
142857 × 13=1857141
142857 × 14=1999998

新來的朋友們，我給你們一個提示，可以把 142857 乘 8～14 的結果分成兩部分來看。

我知道了。你們看這幾個數又變成了 142857 的排列組合！而乘 14 的這個數，相加的結果就是特別的 999999。
1+142856=142857
1+285713=285714
1+428570=428571
1+571427=571428
1+714284=714285
1+857141=857142

如果我們再隨便做幾次乘法和加法，依然是 142857 的組合。
142857 × 108=15428556
15+428556=428571
142857 × 109=15571413
15+571413=571428
這樣你們知道 142857 這組數字的一個規律了吧。

我知道了！只要是 142857 乘以非 7 的倍數的數字，得出來的結果的後六位與前幾位數字相加必然是「1，4，2，8，5，7」六個數字組合而成的，而且它們有規律地輪轉；而乘 7 的倍數後得出的結果的後六位與前幾位數字相加一定是「999999」。

沒錯，這就是 142857 的規律之一，我們可以用扇形圖來表示它。我們形象地把它稱為走馬燈數。當然那個乘數是有一定範圍的。

阿柳博士，你的意思是這組數字還有別的規律？
沒錯，還有別的規律，不過要等我們去金字塔裏才能發現。

博士 142857
請求進入。
士兵 142857 向您
致敬，現在就為您
打開金字塔大門。
428571 的通路。
金字塔大門打開了，阿柳
博士帶着李沖沖、羅大頭
和朱栗踏入大門。
嘩！

不要緊張，孩子們，這
裏就是 142857 大世界
的 3 號金字塔城市。我
們一起進去看看吧！

那邊有水果攤呢！

第 1 天	第 2 天	第 3 天	第 4 天	第 5 天	第 6 天	第 7 天
142857	285714	428571	571428	714285	857142	999999

不僅如此哦！

好高大啊！

這個走馬燈數還有這些特點：
1+4+2+8+5+7＝27，2+7＝9，
4+5＝9，1+8+9；
14+28+57＝99；
142+857＝999。

阿努比斯大人，感謝您為這三個小朋友解惑。

您就是阿努比斯，那個古埃及傳說中的死神？

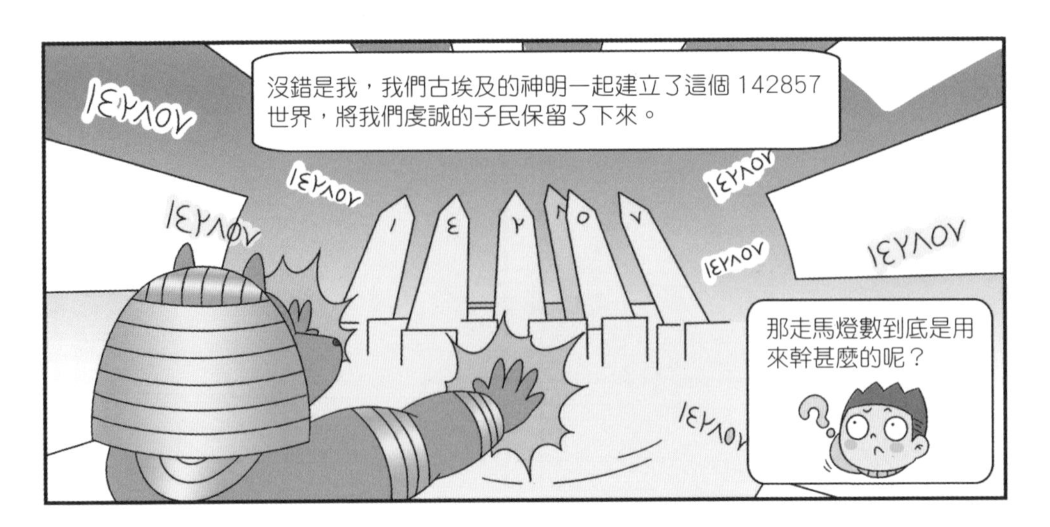
沒錯是我，我們古埃及的神明一起建立了這個 142857 世界，將我們虔誠的子民保留了下來。
那走馬燈數到底是用來幹甚麼的呢？

這是我們傳給古埃及人民的數。我舉個例子，1÷7 寫成小數就是 $0.\dot{1}4285\dot{7}$，它的一個循環節就是這個走馬燈數。

走馬燈數好神奇啊！

4. 神祕的長尾巴拜訪者
—— 循環小數

砰砰砰！

外面來了一個長尾巴精，他的尾巴好長好長呀！難道是外星人？
甚麼東西呀？把你嚇成這樣，我去看看！

嗨！我是循環小數，我想……

他的尾巴真的好長好長！
再長，也不能一直把客人留在外面呀！

我想找阿柳博士。

我的尾巴太長了，我想讓阿柳博士幫我把尾巴縮短一下。
你的尾巴到底有多長啊？

從我出生起我就沒看到過我的尾巴的盡頭，聽說阿柳博士很厲害，我特意走過了半個地球來找他幫我縮短尾巴。
半個地球？循環小數多枯燥，有甚麼用？
半個地球都是你的尾巴？

我以前怎麼從沒聽說過你呀？

一個數的小數部分從某一位起，一個或幾個數字依次重複出現的無限小數叫作循環小數。
咳咳～
博士！

循環小數是一種奇妙的小數，這種小數有一個循環節。循環節從小數後第一位開始的循環小數叫作純循環小數，例如：0.3…，0.6…，0.318318318 … 等。

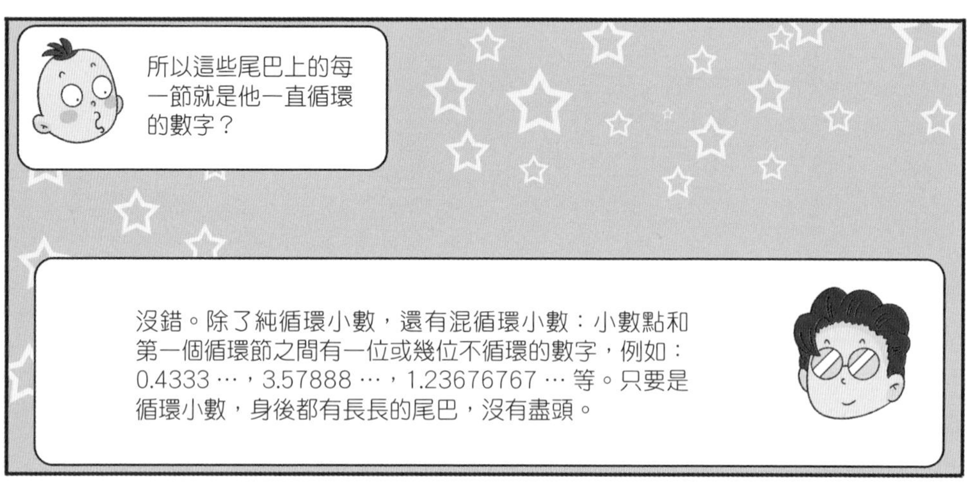
所以這些尾巴上的每一節就是他一直循環的數字？
沒錯。除了純循環小數，還有混循環小數：小數點和第一個循環節之間有一位或幾位不循環的數字，例如：0.4333 …，3.57888 …，1.23676767 … 等。只要是循環小數，身後都有長長的尾巴，沒有盡頭。

救救我啊，阿柳博士！我不想拖着無限長的尾巴，嗚嗚嗚嗚 ……
好 …… 好！

這是個神奇的帽子，把它戴在你的循環節上，你的尾巴就會被收進帽子裏循環。

我的尾巴都縮進去啦！
好神奇呀！長尾巴終於不見了！

在數學中，循環小數是無限的，我們不能一直寫下去，所以就在循環節的頭上寫上小點來表示這個小數的循環部分。
0.13

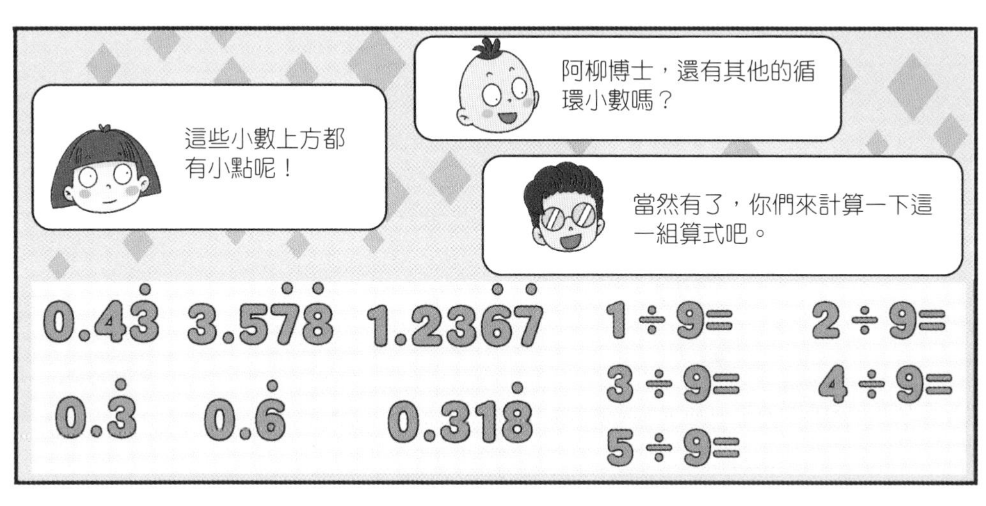
阿柳博士，還有其他的循環小數嗎？
這些小數上方都有小點呢！
當然有了，你們來計算一下這一組算式吧。
0.43 3.578 1.2367
0.3 0.6 0.318
1÷9= 2÷9=
3÷9= 4÷9=
5÷9=

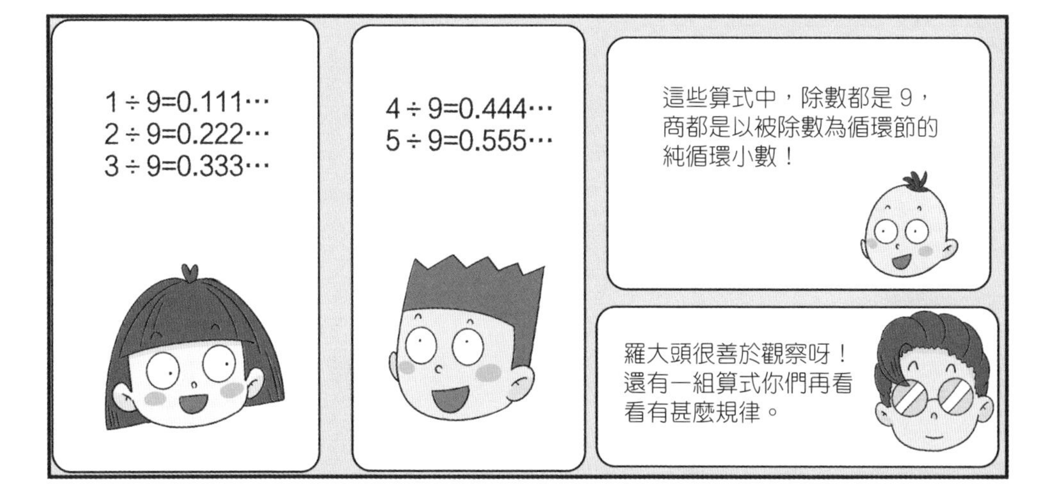
1÷9=0.111⋯
2÷9=0.222⋯
3÷9=0.333⋯
4÷9=0.444⋯
5÷9=0.555⋯
這些算式中，除數都是9，商都是以被除數為循環節的純循環小數！
羅大頭很善於觀察呀！還有一組算式你們再看看有甚麼規律。

1÷7=0.142857142857…（循環節為142857）
2÷7=0.285714285714…（循環節為285714）
3÷7=0.428571428571…（循環節為428571）
4÷7=0.571428571428…（循環節為571428）
5÷7=0.714285714285…（循環節為714285）

1，4，2，
8，5，7
142+857=999 285+714=999
428+571=999 571+428=999
714+285=999 857+142=999
這 6 個循環小數的循環節均是由這 6 個數字按不同的順序排列組成的。
我發現把循環節中的數字等分為兩個部分，然後再相加，結果都等於 999 呢！

你們都很善於觀察喲！再給你們看一個神奇的地方哦！

0
1
2
3
4
5
6
7

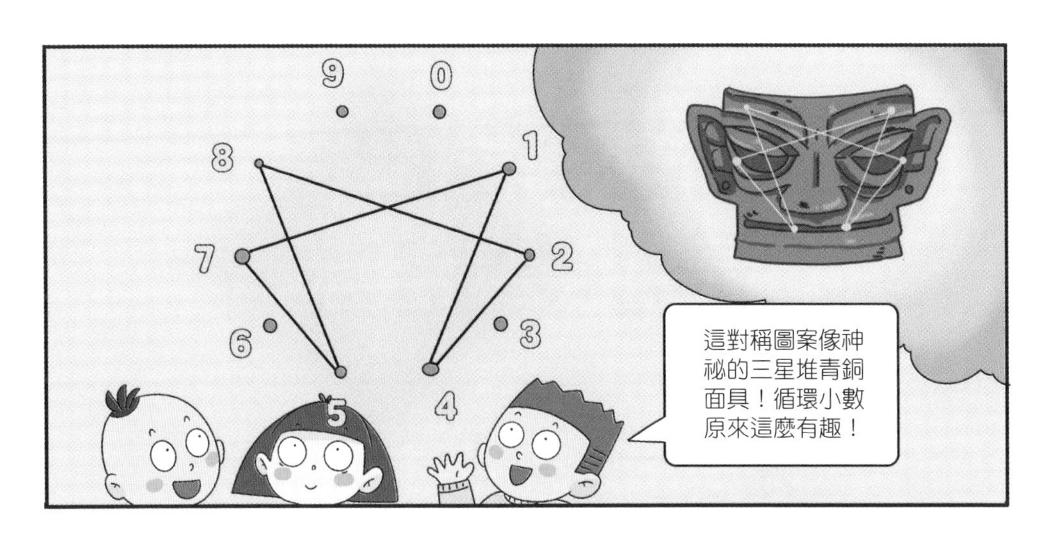
9
0
8
1
7
2
6
3
5
4
這對稱圖案像神祕的三星堆青銅面具！循環小數原來這麼有趣！

142857 按一定規律相連可以形成對稱圖案。由於它是循環小數，所以它與 9 也有千絲萬縷的關係，這也是為甚麼兩部分相加永遠等於 999 的原因。
我發現這個數就是上一次學的走馬燈數呀！
沒錯，萬法歸宗，數學和大自然有着必然的聯繫，和我類似的循環小數還有很多。
走馬燈數
142857
999

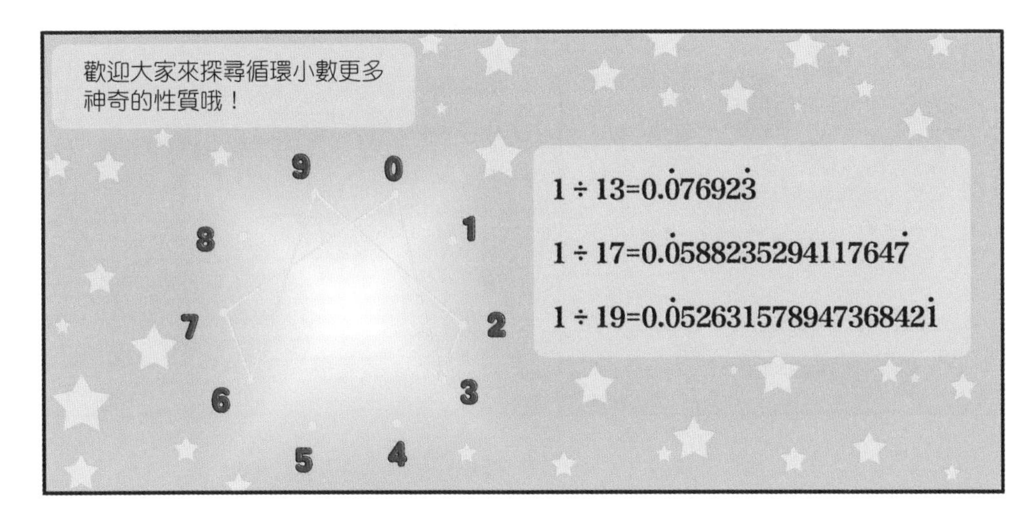
歡迎大家來探尋循環小數更多神奇的性質哦！
9
0
8
1
7
2
6
3
5
4
$1 \div 13=0.\dot{0}7692\dot{3}$
$1 \div 17=0.\dot{0}58823529411764\dot{7}$
$1 \div 19=0.\dot{0}5263157894736842\dot{1}$

5. 巧接猴尾巴——最小公倍數

猴子們邀請阿柳博士和他的學生們來猴子小鎮參加尾巴選美大賽。眾人走近猴子小鎮，發現四周十分安靜，絲毫沒有大賽的氣氛。

小朋友們行動起來，先幫狐猴先生找到牠的尾巴吧。
好。

眾人找啊找，把屋子裏外翻了個遍都沒有找到。最後還是眼神好的李沖沖找到了屋頂上發光的三角形。
我找到尾巴了，就在屋頂。

把它拼接在一起試試。

不行，這樣拼上去會掉的，得想個辦法把尾巴固定住。

我們多轉動幾次，試試能不能固定住。
但它好像只能逆時針轉動。
你再繼續轉動試試，把尾巴轉回去。

嗚嗚嗚，我漂亮的尾巴是不是裝不回來了？
不會，不會。我們繼續轉着試試。

狐猴先生，尾巴給你裝好了，我數了一下一共轉了 12 次。

謝謝你們！我的尾巴回來了！我還知道兩隻猴子的下落，我帶你們去找牠們吧！

狐猴領着他們走向了一間房子，眾人進去一看，有兩隻白頭葉猴正瑟瑟發抖地縮在房間裏。
白頭葉猴

阿柳博士，小朋友們，請你們幫幫葉猴吧！
狐猴先生看着挺帥的，沒想到比朱栗還愛哭。

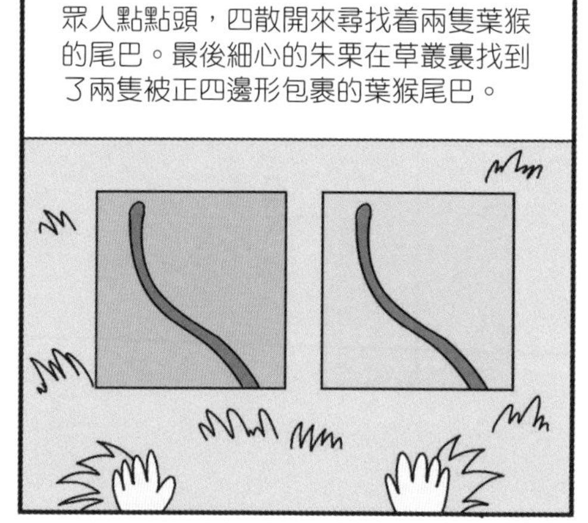
眾人點點頭，四散開來尋找着兩隻葉猴的尾巴。最後細心的朱栗在草叢裏找到了兩隻被正四邊形包裹的葉猴尾巴。

準備好了嗎？我要開始了！

李沖沖把兩條邊貼着，開始轉動葉猴的尾巴，一次、兩次 …… 二十次，足足轉了二十次才把葉猴的尾巴裝回去。

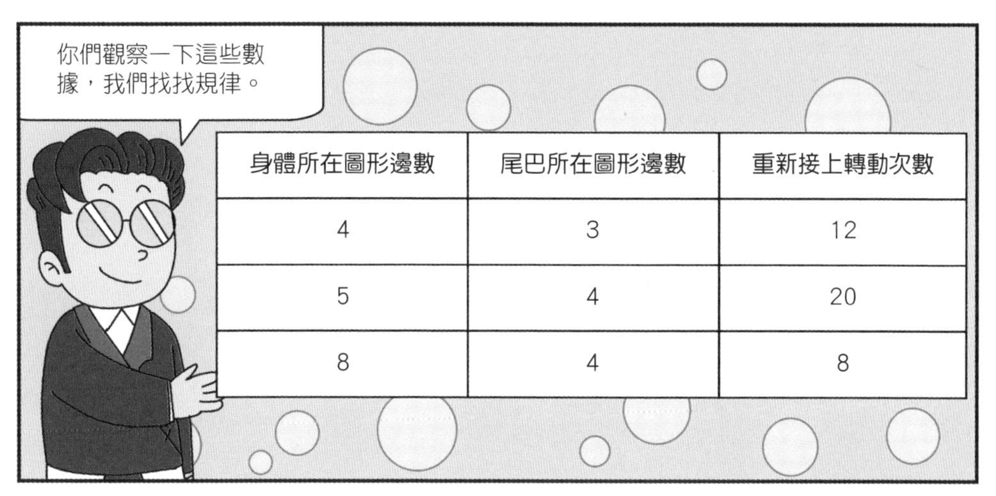

身體所在圖形邊數	尾巴所在圖形邊數	重新接上轉動次數
4	3	12
5	4	20
8	4	8

狐猴先生和被五邊形包裹的葉猴先生，包裹牠們尾巴的圖形和身體的圖形的邊數是互質的，所以它們重新接上的轉動的次數是兩個圖形的邊數相乘。

現在先做這樣的猜測，但也不一定，我們還需要更多的樣本來發現猴子們身體和尾巴的規律。

就這樣，四人三猴朝着小鎮中心去了。到了鎮中心的外圍，他們被眼前的景象震驚了，好多猴子被各種圖形包裹着昏迷在地上，牠們的尾巴也四散在廣場的各處。

阿……阿柳博士，這……這……這該怎麼辦？

我們先找到把尾巴重新接上的規律，這樣才能事半功倍。

狐猴和葉猴聽了他們的話，幫忙搬過來兩隻獼猴和一隻金絲猴，還在廣場上找出了牠們的尾巴。

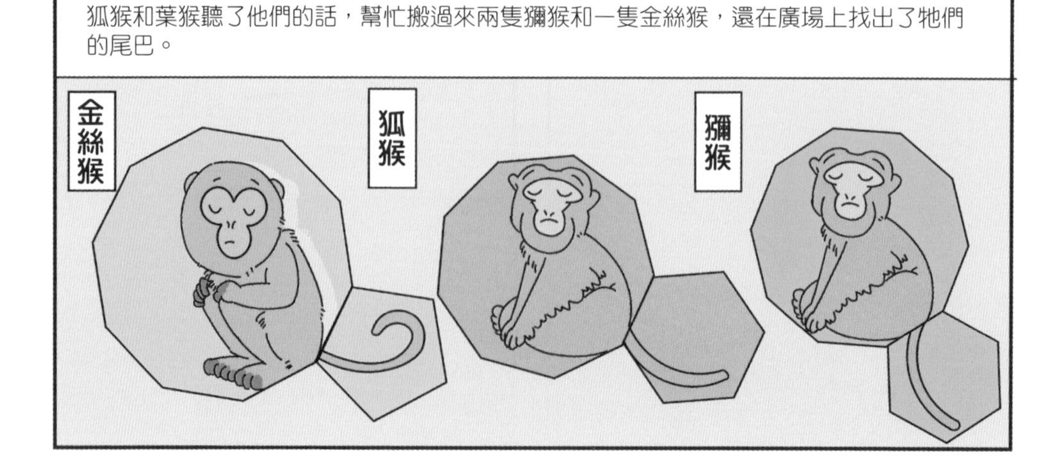

接下來，就是驗證我的猜想的時刻！

羅大頭把正五邊形的尾巴接在了金絲猴的身上，然後飛速轉動了十次，金絲猴的尾巴就重新接在了牠的身上。

阿柳博士，我的猜想沒有錯。

正九邊形該怎麼接啊？又不是互質關係又不是倍數關係的。
先試試吧，你幫我數着啊。

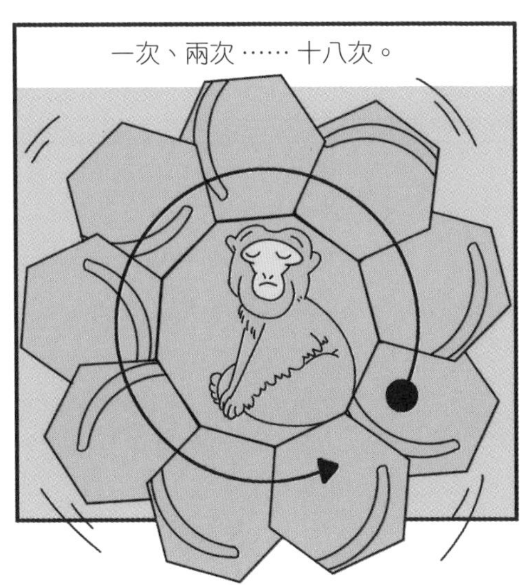
一次、兩次……十八次。

小心大猩猩！快跑！
睜開

嗚嗚嗚嗚嗚，我的尾巴！
四周的猴子們都被叫醒了，怎麼辦啊？

猴子朋友們，稍安勿躁！我是阿柳博士，我帶着小朋友們來幫助你們了！

停住

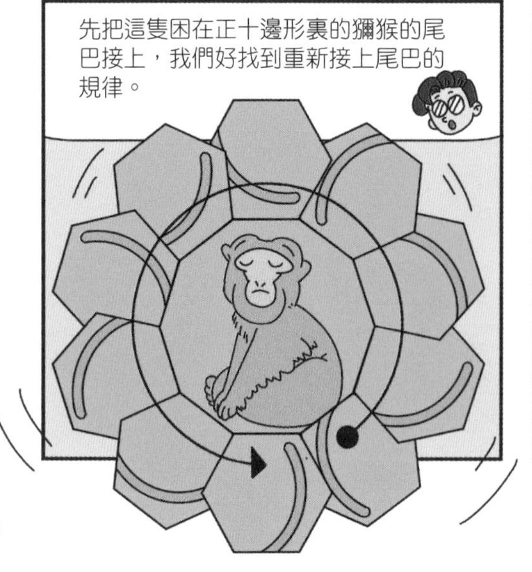
先把這隻困在正十邊形裏的獼猴的尾巴接上，我們好找到重新接上尾巴的規律。

一次、兩次 …… 三十次，這一回，足足用了三十次，才把猴子的尾巴重新接回去。

我做好了統計，填寫了博士剛才的表格。

身體所在圖形邊數	尾巴所在圖形邊數	重新接上轉動次數
4	3	12
5	4	20
8	4	8
10	5	10
9	6	18
10	6	30

8 是 4 和 8 的最小公倍數，10 是 5 和 10 的最小公倍數。這麼一來，接回猴子尾巴的規律就找出來了，重新接上尾巴要轉動的次數是包裹着猴子們身體和尾巴的兩個圖形邊數的最小公倍數。

在大家的齊心協力下，廣場上的猴子們全都重新裝回了尾巴。
尾巴全部找回來了，現在我們可以觀看猴子尾巴選美大賽了吧。

有沒有誰能幫幫我啊？我的尾巴斷了，嗚嗚嗚——

嗚嗚嗚。
半徑＝5
半徑＝3
怎麼這裏還有一隻小猴子沒有裝上尾巴？

圓和圓的公倍數？

之後我們很快就幫小猴子接上了尾巴，聰明的你想到辦法了嗎？

6. 神祕來客——
分解質因數的妙用

叮咚，叮咚！

葉兄，你從國外回
來了！

好久不見！太想你啦，阿柳！

我帶着三個孩子在附近玩，我看離
你的家挺近，就準備給你個驚喜！

你們就是羅大頭、李沖沖和
朱栗吧。
快進來坐！我要和你好好敘敘舊。

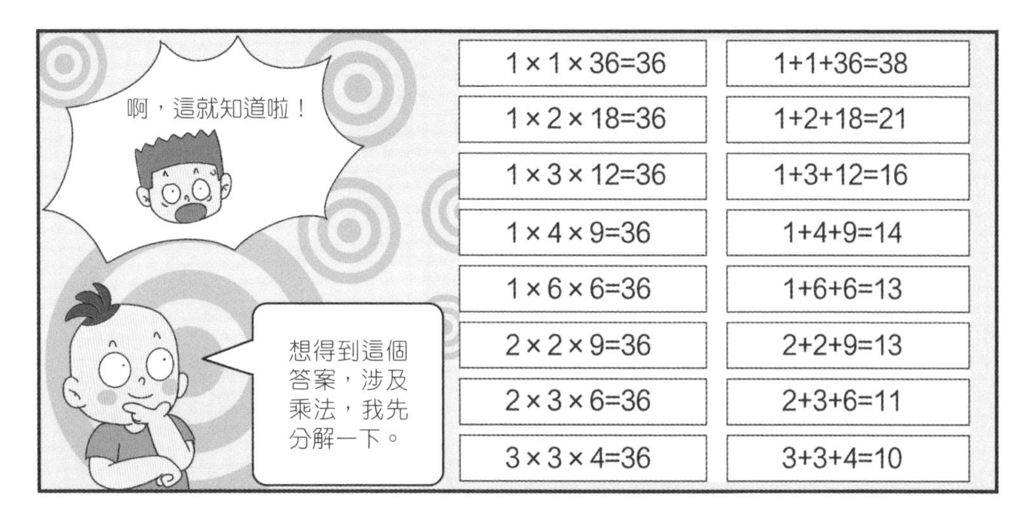

1×1×36=36	1+1+36=38
1×2×18=36	1+2+18=21
1×3×12=36	1+3+12=16
1×4×9=36	1+4+9=14
1×6×6=36	1+6+6=13
2×2×9=36	2+2+9=13
2×3×6=36	2+3+6=11
3×3×4=36	3+3+4=10

2+2+9＝13
1+6+6＝13
有兩組數符合要求呢！

1，6，6 組合可以排除，因為其中有兩個 6 歲的孩子，沒有最大年齡。這樣就只剩下 2，2，9 組合了。
2, 2, 9

看來沖沖也可以當數學大神哦！
嘿嘿。

昨日是我們家老爺子的生辰，我湊齊 6 個不是同一年但都屬龍的 9 月 9 日出生的人，演了一齣戲，祝福老爺子的生日，希望他陪伴我們長長久久。這幾個人的年齡乘積為 17597125。
85 歲了還演戲呢？

你是怎麼知道的？
因為生肖一樣的人，年齡之差為 0 或 12 的倍數。
我先給你們將這個大數分解一下：17597125 ＝ 5×5×5×7×7×13×13×17
13 和 17 兩個數不能同時存在。

這些都是能夠進行質因數分解的數。

合數	質因數						
	2	3	5	7	11	13	17
40	2×2×2		5				
44	2×2				11		
45		3×3	5				
63		3×3		7			
65			5			13	
78	2	3				13	
99		3×3			11		
105		3	5	7			

$40=2^3\times5$，$65=5\times13$，
$44=2^2\times11$，$78=2\times3\times13$，
$45=3^2\times5$，$99=3^2\times11$，
$63=3^2\times7$，$105=3\times5\times7$

由表格可以明顯看出來，這 8 個數中質因數共有 6 個「2」，8 個「3」，4 個「5」，2 個「7」，2 個「11」，2 個「13」，所以將這些質因數平均分配，每組中包含 3 個「2」，4 個「3」，2 個「5」，1 個「7」，1 個「11」，1 個「13」，就可以了。

所以就是這兩組。
44
45
40
63
78
105
65
99

你是怎麼把孩子們教育得這麼優秀的？走，傳授傳授。

如此這般……
阿柳博士在講甚麼呢？

7. 小將軍點「兵」——中國剩餘定理

這一天，阿柳博士帶着小朋友們來到了西漢初年。
不知愛卿手下現在有多少兵馬？
劉邦
回陛下，臣也不知確切的數量，只知道手下士兵三三之數剩二，五五之數剩三，七七之數剩二。
韓信

回稟陛下，韓將軍麾下，兵數不可數也。
張良
今天的宴會就到這裏吧，眾愛卿辛苦了！

劉邦帶着人離開營帳了，我們進去看看。

阿柳博士，你來了。隨便坐，陛下剛剛走。
打擾了。

韓信叔叔，你那個三三之數甚麼的，連子房先生（張良，字子房）都算不出你有多少兵，你到底有多少士兵啊？
都是老弱殘兵，只有區區 23 個士兵而已。

23÷3=7……2
23÷5=4……3
23÷7=3……2
真的是三三之數剩二，五五之數剩三，七七之數剩二。那子房先生為甚麼說不知道啊？

哈哈！因為我用了個計謀……
咳咳，這個問題就要說到中國剩餘定理了。

中國剩餘定理？那是甚麼？

韓信將軍，你剛才對陛下說的這句話後來被收錄在一本書裏，叫作《孫子算經》，與此相關的定理被稱為孫子定理。
孫子算經

這樣吧，正好今天韓信將軍在這裏，我們就來一場點「兵」大賽，怎麼樣？給你們一個時辰的時間，照剛才韓信將軍說的那樣，各自去找自己的「兵」並編出一個相關的問題，然後我來回答你們的問題。
那我們趕緊去找吧！

一個時辰過後
我們帶着自己找的「兵」回來了。

鼴鼠部隊，集結！按照剛才編排好的隊伍，排列！

唧唧！是！

不錯，讓我來好好地數一數。嗯，每排對齊多出來 9 個，和剛才一樣。

再數一數行數，1、2、3……嗯？怎麼少了三行？
沒想到李沖沖小朋友居然是用鼴鼠來點「兵」啊。

首先我們需要知道一個算式：

被除數 ÷ 除數＝商……餘數

我們把這個關係式做一個變形。
被除數＝除數 × 商 ＋ 餘數（這個算式叫作歐幾里得帶餘除法公式），
被除數－餘數＝除數 × 商。
然後我們分析李沖沖剛才點「兵」的情況：
排練時和實際來的鼴鼠數是兩次的被除數，分別是 171 和每行的鼴鼠數不變，這是除數；
兩次多餘出來的鼴鼠數量不變，都是 9；
而實際來的鼴鼠數比排練時少了 3 行，這就是商少了 3。

下一個是我。開始點兵，出來吧，仙鶴！

仙鶴三隻一行，從山林間飛出來了。

你們看，最後一行只有兩隻仙鶴。

再來一次！

這次仙鶴五隻為一行飛出來了，隊伍的最後一行只有三隻仙鶴。

阿柳博士，剛才我點的這羣仙鶴「兵」，數量是不超過 100 的最大數，你知道我最多找來了多少隻仙鶴嗎？

剛才仙鶴飛過的情形，換個說法就是：一個數被3除的餘數是2，被5除的餘數是3，這個數是不超過100的最大數，求這個數。
可以先列舉出被5除餘3的數字有：3，8，13，18，23，28，33，38，43，48，53，…
在這些數字中，被3除餘2的數字有：8，23，38，53，…
你們發現甚麼規律了嗎？

3和5的積正好是15，所以這些數就是首項是8，公差為15的等差數列。所以這個等差數列的第n項就是：
$a_n=8+(n-1)\times15=15n-7$
然後就是求這個數列中小於100的最大數了，正好是第七項，也就是：15×7−7=98。

羅大頭說得不錯，不過剛才我是想直接列舉出來的。
就像這樣：
8，23，38，53，68，83，98。
列舉法出來的結果和羅大頭算的一樣。

阿柳博士，想必還有更簡單的方法吧？

有的，可以通過下列算式：
2×10+3×21=83=8+15×5
知道這些仙鶴最少有8隻，每多15隻，就會出現和有8隻仙鶴一樣的情況。那麼不超過100隻仙鶴的最大數就是83+15=98(隻)。

這是甚麼原理啊？

羅大頭，該你點兵了，你會給我們帶來甚麼驚喜呢？
阿柳博士又在賣關子了，我還是先上吧。

噓

馬三匹一行跑過，馬羣的後邊剩了兩匹馬。

噓

馬羣又五匹一行跑過去，隊伍最後剩了三匹馬。

噓──

現在馬羣七匹一行在點將台前排好了隊，馬羣的最後剩了四匹馬。

馬羣集結完畢。我這裏的馬，是符合剛才展示出來的情況的最小值。換句話就是，能被 3 除餘 2，被 5 除餘 3，被 7 除餘 4 的最小數。

被 3 除餘 2 的數有……
不用這麼複雜。

直接通過算式 2×70+3×21+4×15＝263＝53+105×2，就可以知道，這羣馬應該有 53 匹。

阿柳博士，您到底為甚麼要這麼算啊？

這個問題的解法，很多數學家都研究過。宋朝數學家秦九韶在《數書九章》中作出過完整的解答，明朝數學家程大位在《算法統宗》中用一首詩歌給出了解答：「三人同行七十稀，五數梅花廿一枝，七子團圓正半月，除百零五便得知。」
意思就是用除以 3 的餘數乘以 70，用除以 5 的餘數乘以 21，用除以 7 的餘數乘以 15，全部加起來的和再分解為 105 或者 105 的整數倍與另一個數的和，「另一個數」就是可能的解。

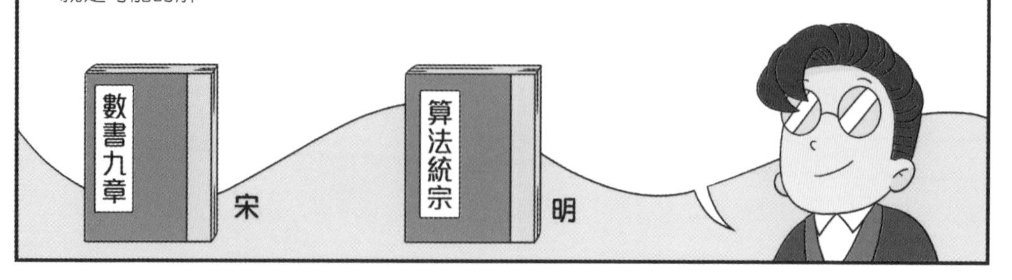

8. 皮克的漁網——格點多邊形求面積

羅大頭邀請阿柳博士、李沖沖和朱栗一起去海邊捕魚。
他們撿到一張破破爛爛的漁網。

這麼破舊的漁網還能用嗎？
戳戳～
幫幫我！我能用！
只是太髒了而已。

這張漁網竟然能說話？

它說它太髒了，那我們先
把漁網上面的垃圾清理一
下吧！
我們開始清理垃圾吧！

大家一起動手，不一會兒就把漁網上面的垃圾清理乾淨了。
真是清爽啊！我叫皮克，非常感謝你們的幫助。
這麼大一個洞，風一吹肯定十分清爽啊！
哈哈哈哈哈～

那可以請你們幫助我補好這個洞嗎？別再讓它漏風了。
那我們應該準備多少材料呢？

阿柳博士，這些不規則的破洞，我們需要多少面積的材料才能補好它啊？

你們別急，漁網上還有幾處規則的破洞，我們先從這些破洞入手開始補。

你們看這兩處：這兩個洞是大家熟悉的正方形和三角形，它們的面積分別是 4 和 2。
在正方形和三角形中間的點稱作內點，四周的點叫作周界點，我們需要研究內點、周界點和面積之間的關係。
周界點
內點

是不是用周界點數 ÷2？
我覺得不對，應該是周界點的個數 × 內點的個數 ÷ 2。面積應該與周界點的個數和內點的個數都有關係。
你們說的都沒問題。我們先把這兩個破洞補上吧。

四人動手幫皮克漁網補好了這兩個破洞。

阿柳博士，這裏還有三個破洞。

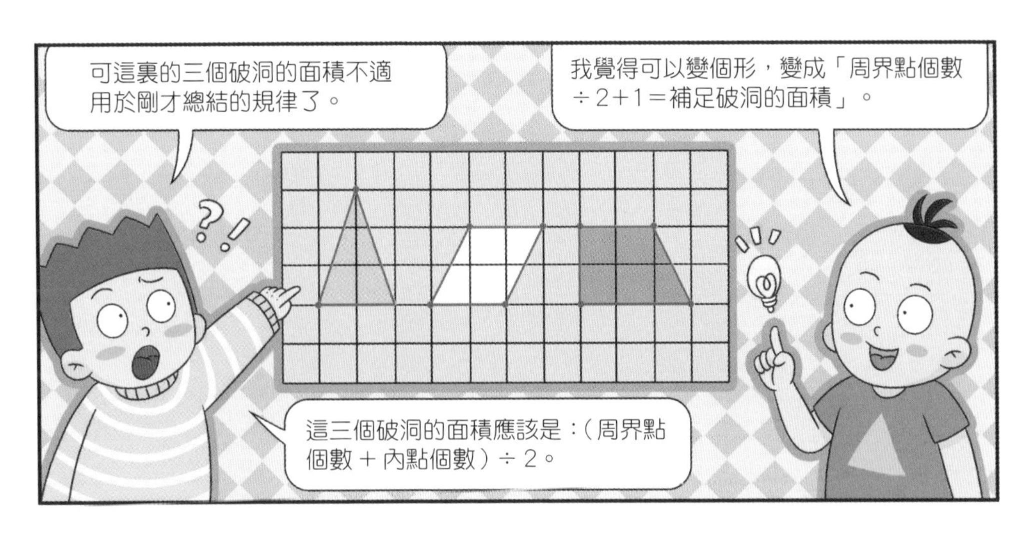

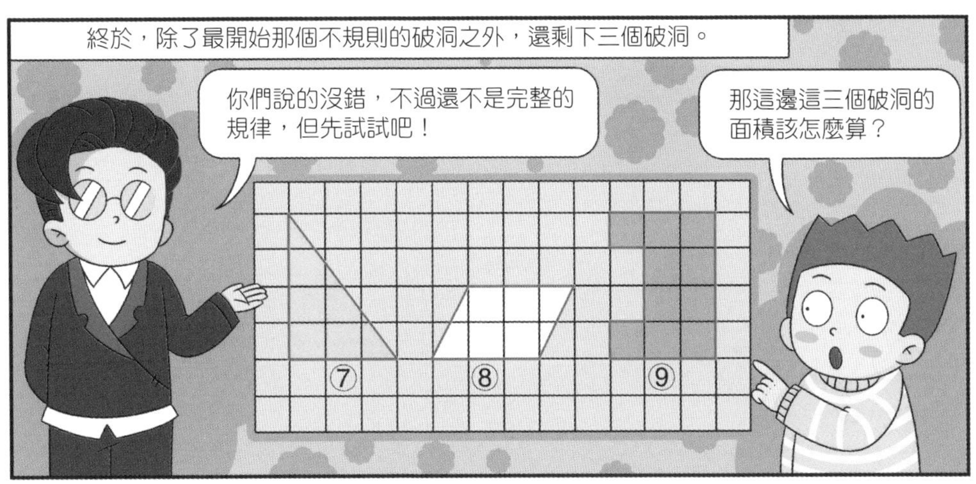

破洞號	周界點個數	內點個數	面積
⑦	8	3	6
⑧	8	3	6
⑨	16	3	10

李沖沖，你看它們的面積是這麼多，你能看出來甚麼規律嗎？

我知道了，這些破洞的面積就是：周界點個數÷2+2。

很不錯，那我們可以知道補足這些破洞需要多少材料了。但是這幾組破洞的面積有甚麼規律呢？

這幾組破洞的面積計算式中都出現了周界點個數 ÷2，那麼與內點個數是甚麼關係呢？有了，第一組破洞都在漁網上有一個內點，1－1＝0，所以加 0。

第二組破洞都有兩個內點，2－1＝1，所以加 1；而剛剛我們計算的第三組破洞在漁網上都有三個內點，3－1＝2，所以加 2。

嗯，如果破洞在皮克漁網上有 7 個內點，就加 6，有 8 個內點就加 7，依次類推。因此，皮克漁網身上破洞的面積的計算方法是：周界點個數 ÷2＋內點數 －1。
周界點：10
內界點：14

沒有錯。用這個規律來算出補齊皮克漁網身上的最後一個大破洞需要多少材料吧。
阿柳博士，我算出來了，最後一個破洞需要面積為 18 的材料才能補齊。
那我們趕緊補齊最後一個破洞，好用皮克漁網捕魚吧！

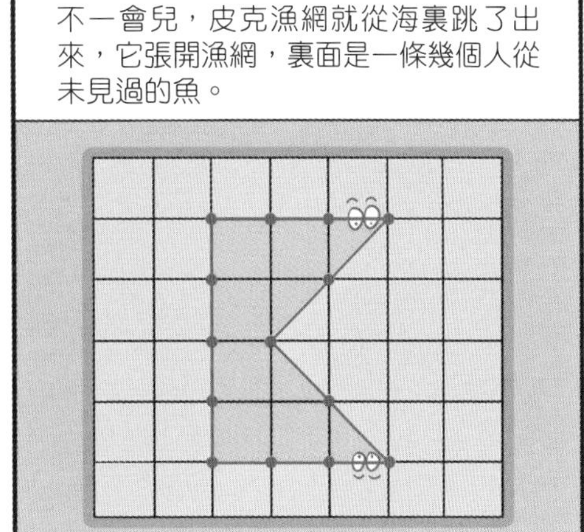

不一會兒，皮克漁網又捕了一條奇怪的魚上來。

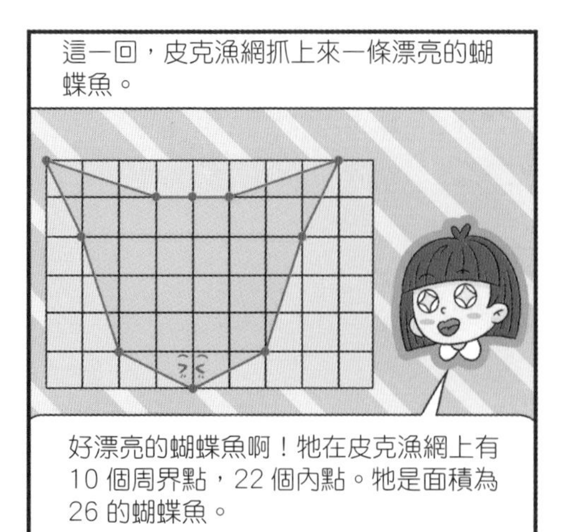
這一回，皮克漁網抓上來一條漂亮的蝴蝶魚。
好漂亮的蝴蝶魚啊！牠在皮克漁網上有10 個周界點，22 個內點。牠是面積為26 的蝴蝶魚。

今天我們找到的規律叫作「皮克定理」，是奧地利數學家喬治．皮克於1899 年發現的。

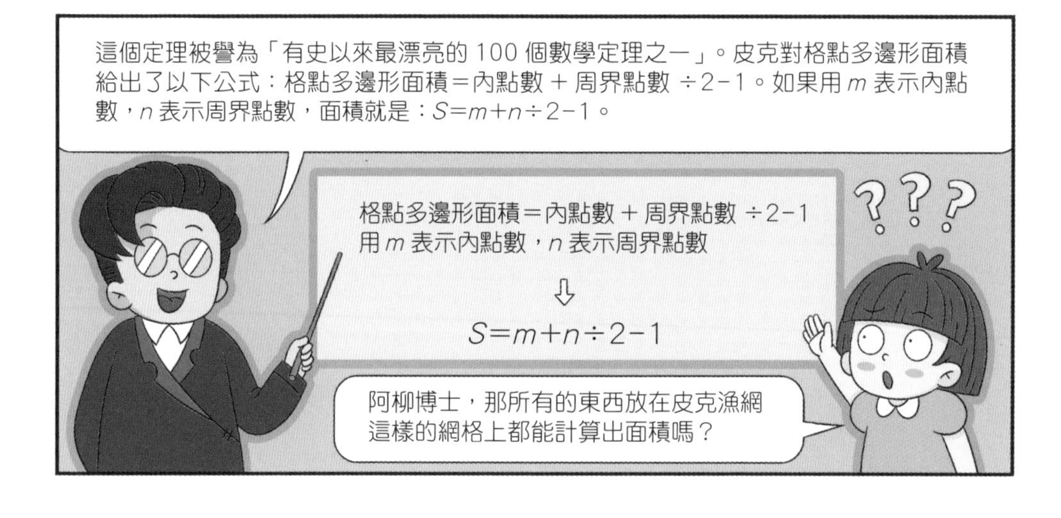
這個定理被譽為「有史以來最漂亮的 100 個數學定理之一」。皮克對格點多邊形面積給出了以下公式：格點多邊形面積＝內點數 ＋ 周界點數 ÷2−1。如果用 m 表示內點數，n 表示周界點數，面積就是：S=m+n÷2−1。
格點多邊形面積＝內點數 ＋ 周界點數 ÷2−1
用 m 表示內點數，n 表示周界點數
⇩
S=m+n÷2−1
???
阿柳博士，那所有的東西放在皮克漁網這樣的網格上都能計算出面積嗎？

不是這樣的，這個定理適用於頂點在格點上的多邊形。如果頂點沒有在格點上就不能使用，不是多邊形的圓也不可以使用這個定理。
哦！謝謝你，讓我們學到了很多新知識！

9. 拯救外星人行動
——巧求面積

砰！

嘩啦—
震～～

這個外星人沒事吧？

我們得把他帶回去
讓阿柳博士救他。

一，二，三，抬！斷掉了！

啪嗒！

他的這塊方形部分壞了，得找同樣面積的材料替換。

你是他的寵物嗎？
我可憐的主人啊！！

求求你們，救救我的主人吧！
我們得替換壞的部分，你知道這裏的面積嗎？

我只知道和方形相鄰的兩條邊，一條邊長是6，一條邊長是8。
8
6

可以利用我國古代著名數學家劉徽在《海島算經》中測量海島高度的方法來測算。
你們看這個長方形，連接它的對角線，我們會發現它被分成了面積完全相等的兩個直角三角形。

在對角線上取一個點作兩邊的垂線，長方形就會被分成6塊。這條對角線同樣也是兩個小長方形的對角線，所以 $S_3=S'_3$，$S_4=S'_4$，那麼 $S_1=S_2$。
S_1
S'_3
S_3
S'_4
S_4
S_2

這是甚麼
原理啊？
是劉徽對《九章算術》中測
量術深入研究的成果，其實
就是出入相補原理。接下來
就看我的吧！

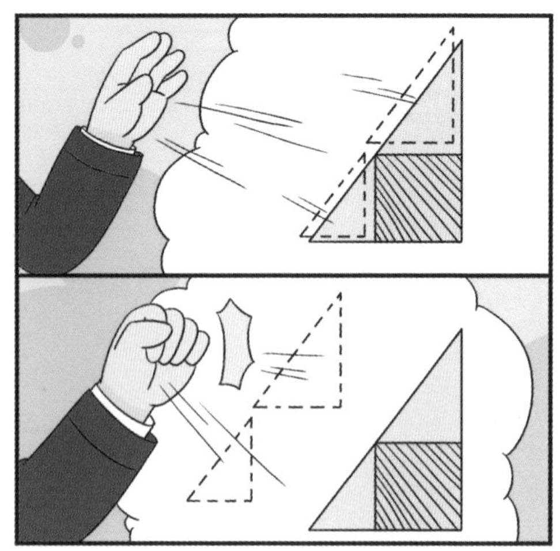

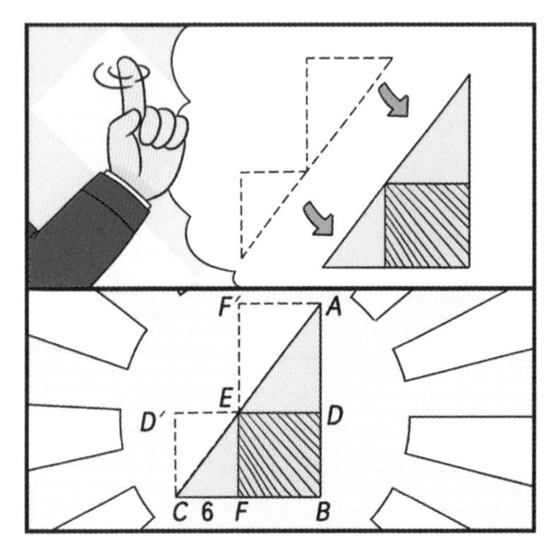
F′
A
E
D′
D
C 6 F
B

根據剛才的推論，△ CEF＝△ CD'E
△ ADE＝△ AEF'。然後 ……
然後甚麼？

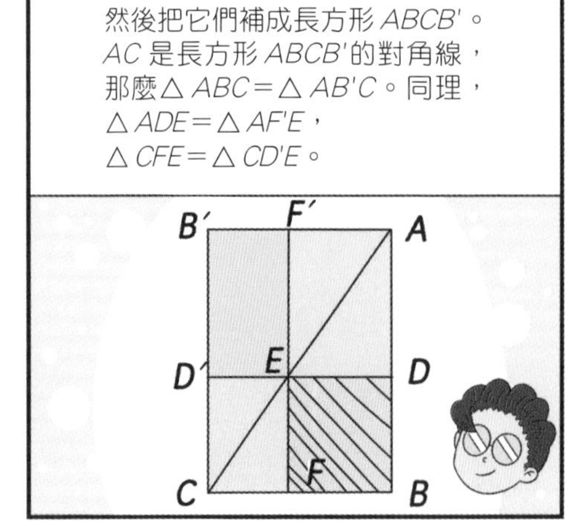
然後把它們補成長方形 ABCB'。
AC 是長方形 ABCB'的對角線，
那麼△ ABC＝△ AB'C。同理，
△ ADE＝△ AF'E，
△ CFE＝△ CD'E。
B′
F′
A
D′
E
D
C
F
B

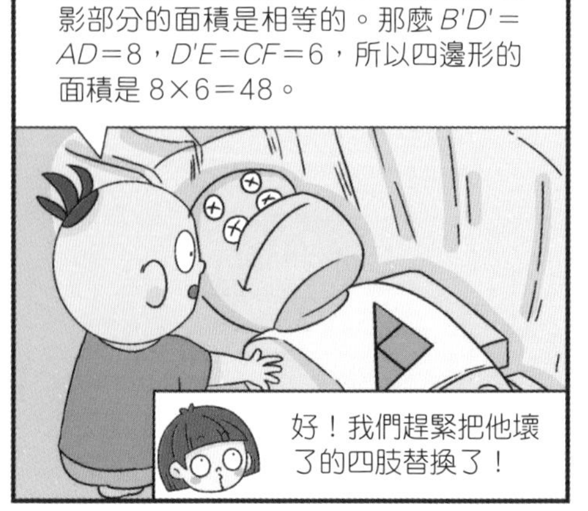
這就是說，四邊形 B'F'ED'的面積和陰
影部分的面積是相等的。那麼 B'D'＝
AD＝8，D'E＝CF＝6，所以四邊形的
面積是 8×6＝48。
好！我們趕緊把他壞
了的四肢替換了！

你們看，他的能量正在消退，必須把他的空白的地方填滿。
8
6

這個直角三角形能不能也補成一個長方形？
不行，就算補成了長方形，也只知道長方形的對角線長是 14。

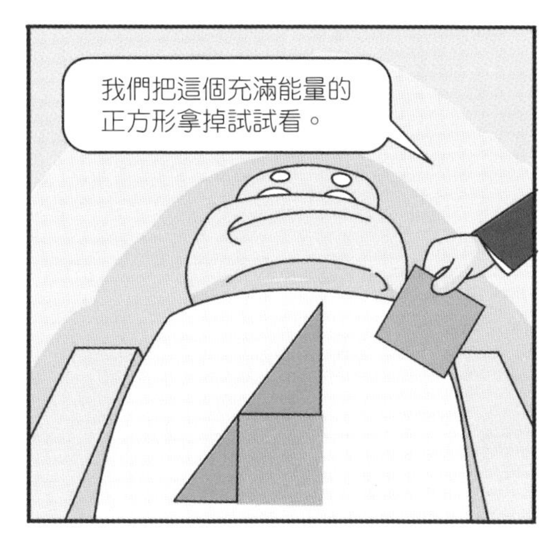
我們把這個充滿能量的正方形拿掉試試看。

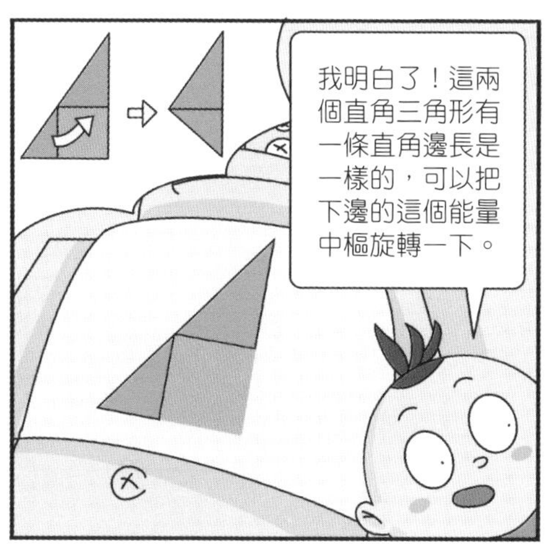
我明白了！這兩個直角三角形有一條直角邊長是一樣的，可以把下邊的這個能量中樞旋轉一下。

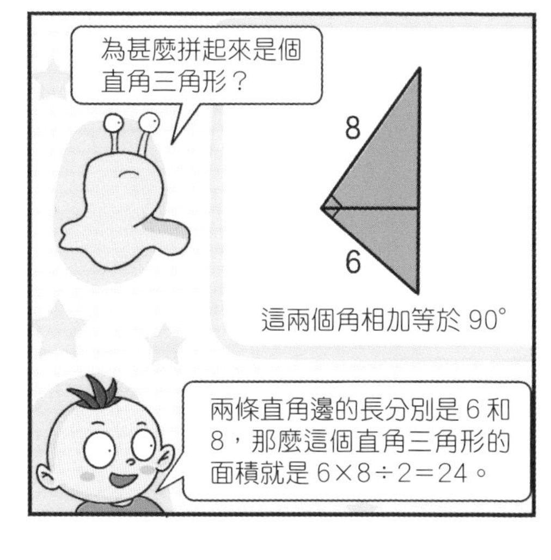
為甚麼拼起來是個直角三角形？
8
6
這兩個角相加等於 90°
兩條直角邊的長分別是 6 和 8，那麼這個直角三角形的面積就是 6×8÷2＝24。

怎麼回事？還是醒不過來。

他的頭在流血！
那塊紅色正方形的地方破損了，要及時用同樣大小的萬能膏藥給他止血。

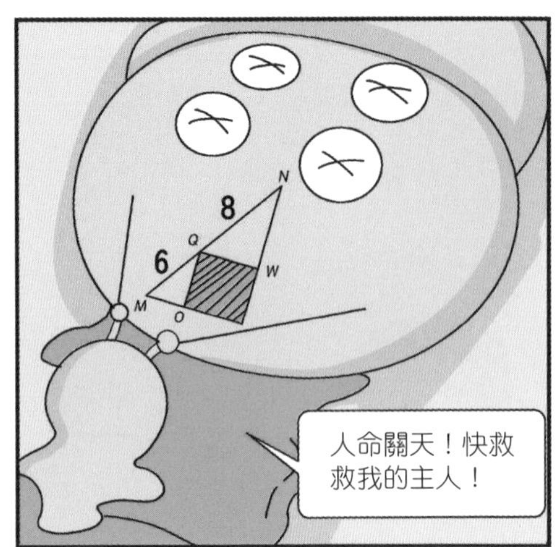
N
8
Q
6
W
M
O
人命關天！快救救我的主人！

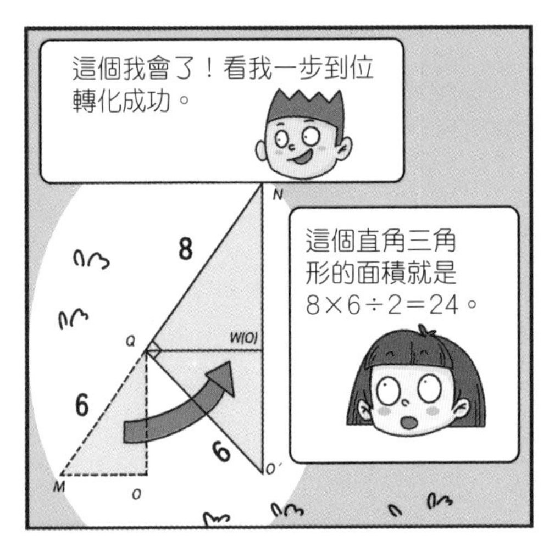
這個我會了！看我一步到位轉化成功。
這個直角三角形的面積就是8×6÷2＝24。
N
8
Q
W(O)
6
6
M
O
O'

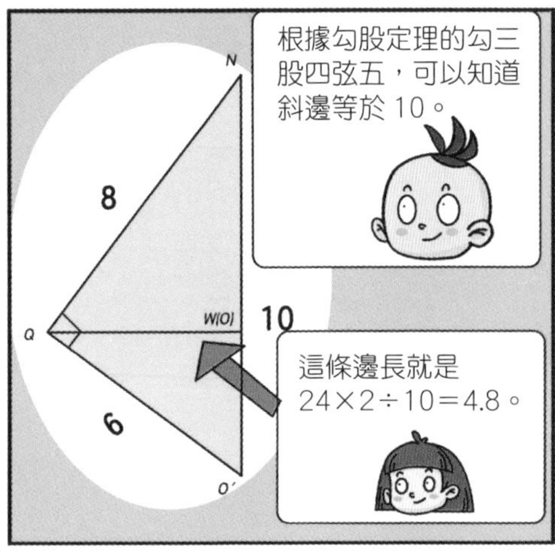
根據勾股定理的勾三股四弦五，可以知道斜邊等於 10。
N
8
Q
W(O)
10
6
O'
這條邊長就是24×2÷10＝4.8。

4.8×4.8＝23.04。那麼我們用23.04 的膏藥給他貼上就沒問題了。
甦醒～

坐起～
發生甚麼事了？
主人，你終於醒啦！
沒想到星際旅行這麼危險呢。

不然我們就
回去吧？
我可是立志要遊歷
整個宇宙的人，怎
麼能因為這點困難
就放棄！

我也想和你一
樣星際旅遊。
當然可以了，不過
現在最重要的事情
是填飽肚子。親愛
的朋友，你們有吃
的給我嗎？

走！我們帶外星人朋友
吃地球美食啦。
好耶！吃好吃的啦！
還有我！別忘
了我！

10. 歐幾里得的神奇飛毯
——不規則圖形面積

歐幾里得，出生於公元前 4 世紀的雅典，是古希臘著名的數學家。這本《幾何原本》，就是歐幾里得的傳世巨作。
幾何原本
歐幾里得

阿柳博士，歐幾里得的《幾何原本》講了些甚麼幾何知識啊？
誰在叫我主人的名字？

你們好！我路過的時候聽見了你們在討論我的主人——歐幾里得，我覺得你們一定可以幫我。
鞠躬～
你怎麼了？

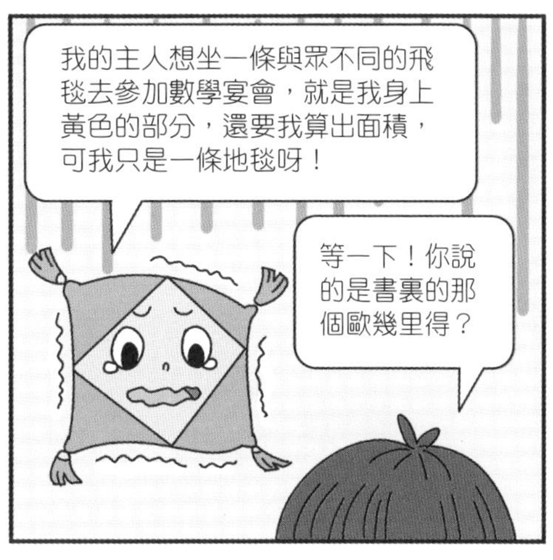
我的主人想坐一條與眾不同的飛毯去參加數學宴會，就是我身上黃色的部分，還要我算出面積，可我只是一條地毯呀！
等一下！你說的是書裏的那個歐幾里得？

對啊，得到答案我就帶你們去見我的主人。
我們就幫幫他吧，正好我想見見歐幾里得先生。
但是我們都不知道他的詳細信息。

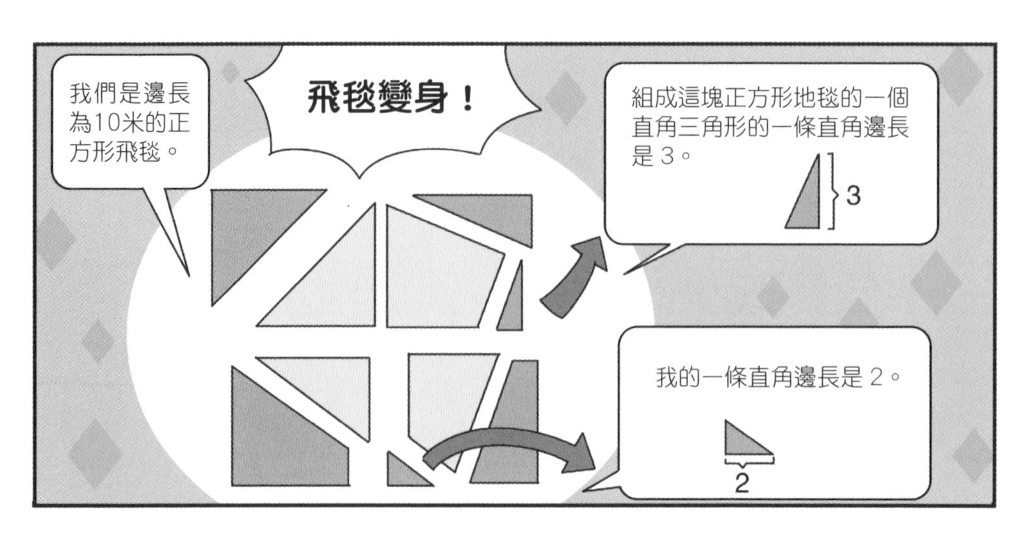
我們是邊長
為10米的正
方形飛毯。
飛毯變身！
組成這塊正方形地毯的一個
直角三角形的一條直角邊長
是3。
3
我的一條直角邊長是2。
2

只有這些信息量
也太少了吧。
或許我們可以找
皮克幫忙。

是那個漁網的主
人嗎？
嗨，阿柳博士，小朋
友們，還有這個……

飄着的飛毯？
您好！我是歐幾里得的
飛毯。

我們要幫歐幾里得的飛毯算出他
中間黃色部分的面積，然後就想
到了你。
合——體

原來如此，那就看我的吧。

甚麼東西壓過來了？

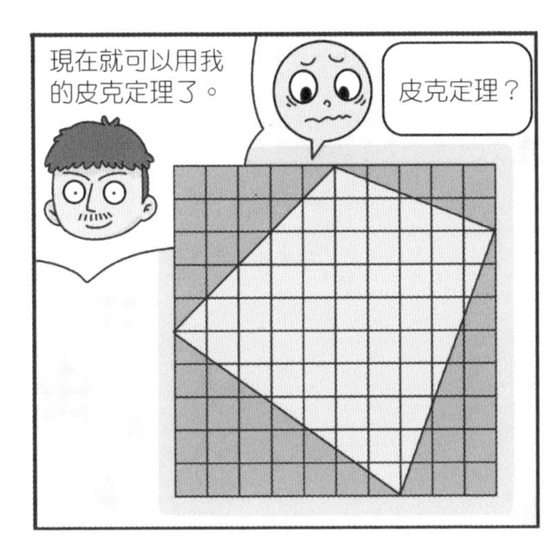
現在就可以用我的皮克定理了。
皮克定理？

格點內圖形的面積＝內點數+周界點數÷2－1。
黃色部分的內點個數是50，周界點個數是8，所以它的面積就是50+8÷2－1＝53（米²）。

沒事我就先走了，下次有事再叫我哦。
我還想到了用排除的辦法。

不可以！會痛的！
捲～
我的意思是中間黃色部分的面積＝正方形飛毯的面積－四周4個三角形的面積。

當然可以了！
毯毯變身！
5
5
5
2
啪～

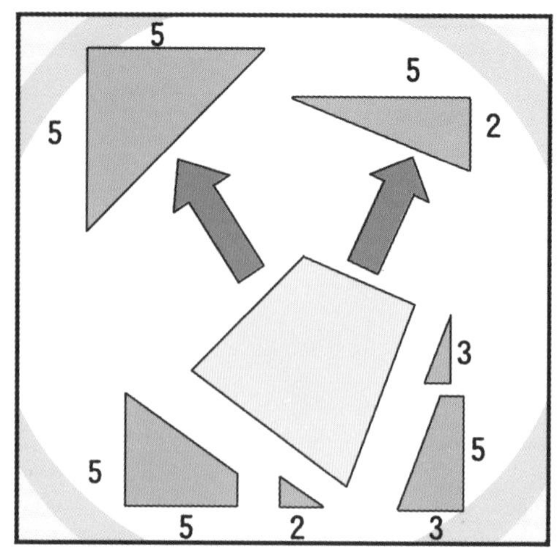
5
5
5
2
3
5
5
5
2
3

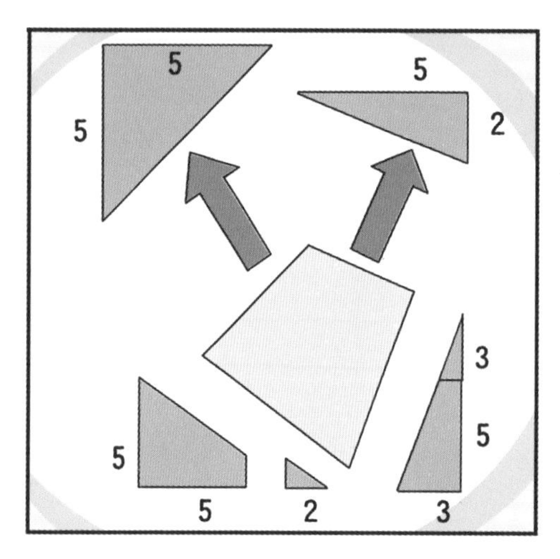
5
5
5
2
3
5
5
5
2
3

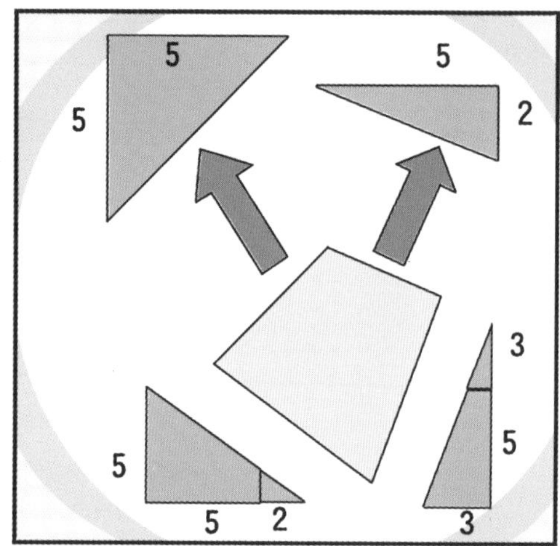
5
5
5
2
3
5
5
5
2
3

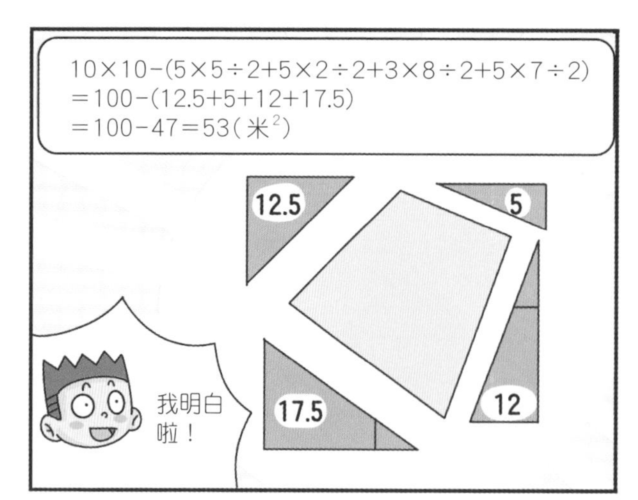
10×10−(5×5÷2+5×2÷2+3×8÷2+5×7÷2)
＝100−(12.5+5+12+17.5)
＝100−47＝53(米²)
12.5
5
17.5
12
我明白啦！

我也想到一個。
快說來聽聽。

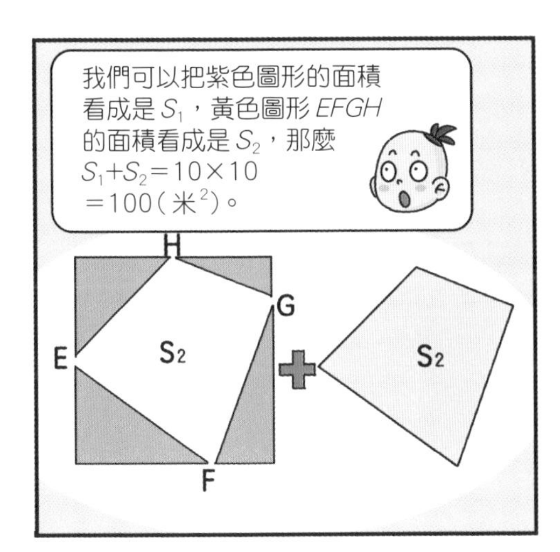
我們可以把紫色圖形的面積看成是 S_1，黃色圖形 $EFGH$ 的面積看成是 S_2，那麼 $S_1+S_2=10\times10=100$（米^2）。
H
G
E
F
S_2
S_2

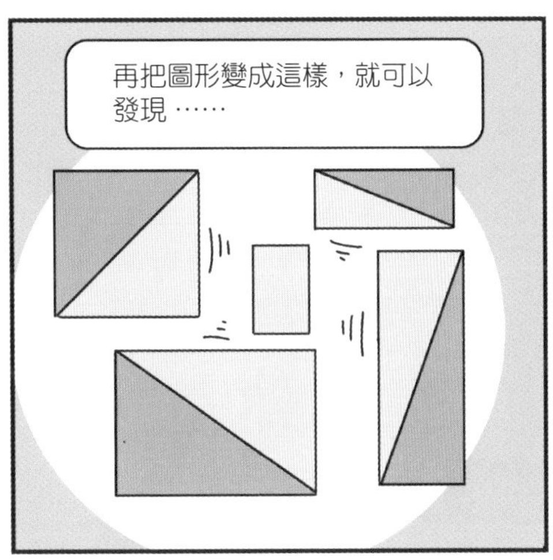
再把圖形變成這樣，就可以發現……

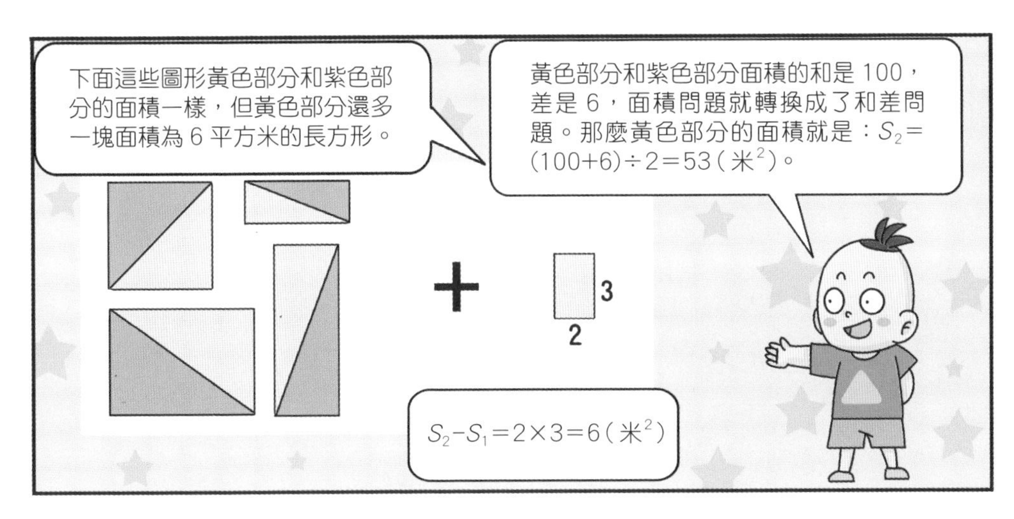
下面這些圖形黃色部分和紫色部分的面積一樣，但黃色部分還多一塊面積為 6 平方米的長方形。
黃色部分和紫色部分面積的和是 100，差是 6，面積問題就轉換成了和差問題。那麼黃色部分的面積就是：$S_2=(100+6)\div2=53$（米^2）。
3
2
$S_2-S_1=2\times3=6$（米^2）

我還有一種解法，就是利用極端性原理來求解。
不是分割就是極端，有沒有安全一點的辦法啊？

過正方形的中心，作兩條和四邊分別平行的十字架虛線，然後這個十字架往左一直移動，移到最左邊的線上。

別拉啦！我都變形啦！
這面積不會發生變化嗎？

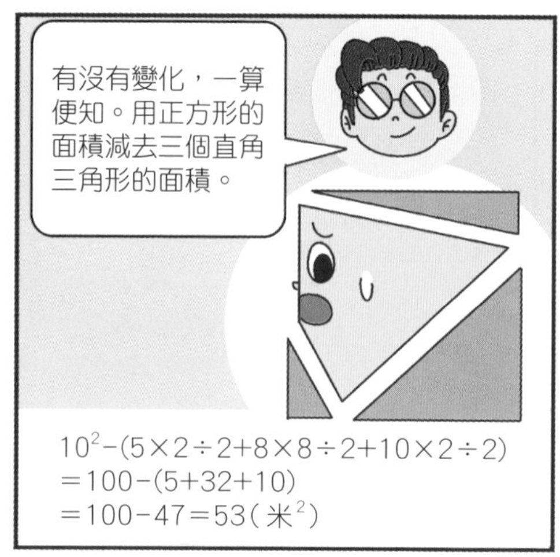
有沒有變化，一算便知。用正方形的面積減去三個直角三角形的面積。
10²−(5×2÷2+8×8÷2+10×2÷2)
＝100−(5+32+10)
＝100−47＝53（米²）

嘩！好神奇！和我們剛才算出來的面積一模一樣。

你們真是太厲害了。遵守約定，我帶你們去找歐幾里得先生，坐上來吧！

《幾何原本》是集前人思想和歐幾里得個人創造性於一體的傳世巨作。它把人們公認的一些事實列成定義和公理，以形式邏輯的方法，用這些定義和公理來研究各種幾何圖形的性質，從而建立起一套從公理、定義出發，論證命題得到定理的幾何學論證方法，形成了一個嚴密的邏輯體系 —— 幾何學。這本書也是歐式幾何的奠基之作。
你們看到前邊古希臘風格的宮殿了嗎？
哪裏呢？哪裏呢？

11. 修補圖形家園——出入相補原理

啊——

都怪李沖沖要亂動操作桿，摔得我疼死了。

你……你們都是甚麼人？

你好，我叫阿柳博士，他們是我的學生，羅大頭、朱栗、李沖沖，我們沒有敵意。

我叫出入相補，是平面幾何世界裏萬千工程師中的一員。抱歉，因為我們的世界剛剛遭受了怪獸襲擊，所以才有些慌張。
你好啊。
出入相補？好奇怪的名字啊。
出入相補原理來源於魏晉時期的數學家劉徽的著作《九章算術注》。

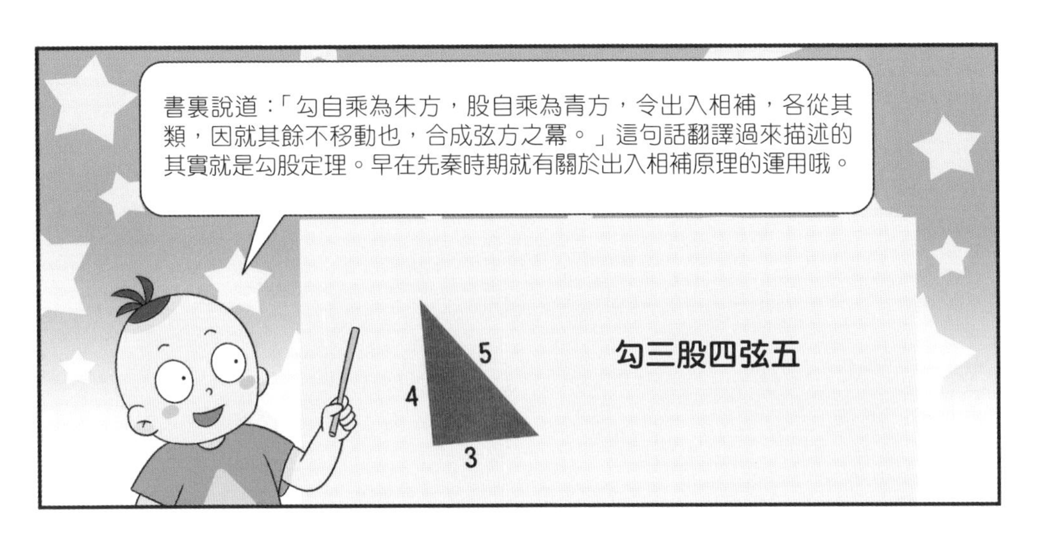
書裏說道：「勾自乘為朱方，股自乘為青方，令出入相補，各從其類，因就其餘不移動也，合成弦方之冪。」這句話翻譯過來描述的其實就是勾股定理。早在先秦時期就有關於出入相補原理的運用哦。
5
4
3
勾三股四弦五

我能夠將一個平面圖形從一個地方移到另一個地方，面積不變。如果把圖形分成很多很多份，那麼分出來的這些圖形面積的總和，等於原來的面積。
=

不僅如此，如果圖形平移、對稱、旋轉，那麼它依然等於原來的面積。
原來是這樣。

我們這裏的怪獸睡醒了，將世界弄得天翻地覆，原本規劃好的一切都需要重新再來，所有工程師都忙不過來了。
你別着急，這不是還有我們嘛。

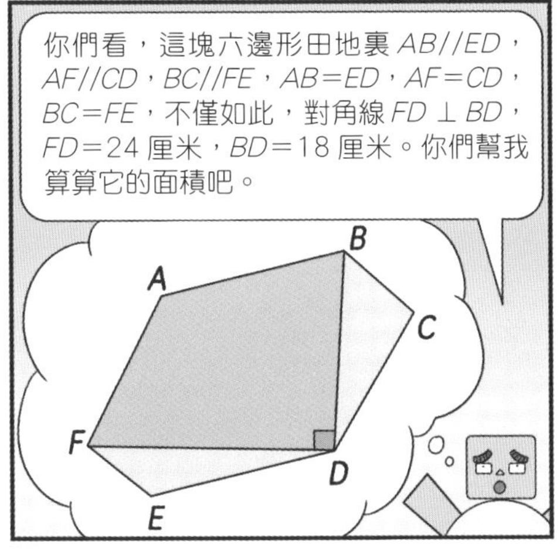
你們看，這塊六邊形田地裏 AB//ED，AF//CD，BC//FE，AB=ED，AF=CD，BC=FE，不僅如此，對角線 FD ⊥ BD，FD=24 厘米，BD=18 厘米。你們幫我算算它的面積吧。
A
B
C
F
D
E

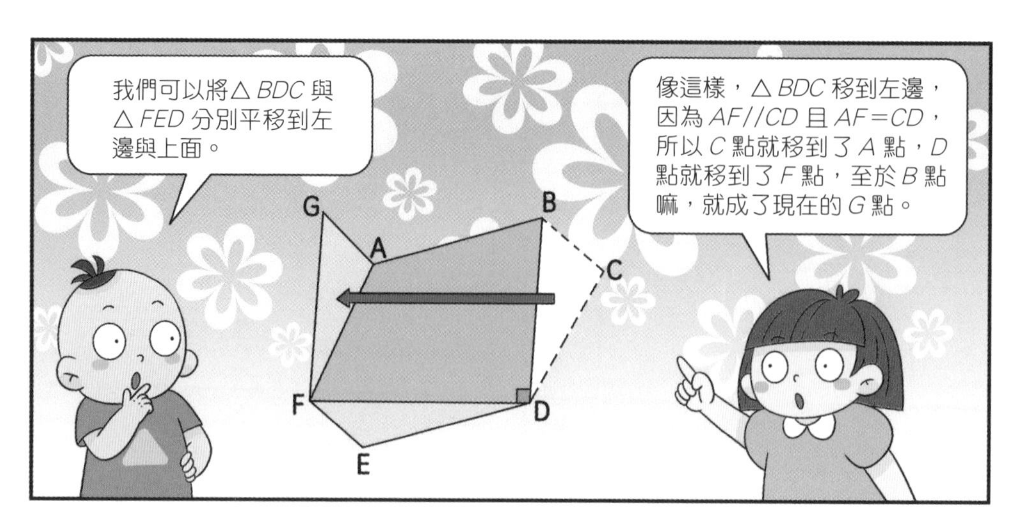
我們可以將△ BDC 與△ FED 分別平移到左邊與上面。
像這樣，△ BDC 移到左邊，因為 AF//CD 且 AF=CD，所以 C 點就移到了 A 點，D 點就移到了 F 點，至於 B 點嘛，就成了現在的 G 點。
G
B
A
C
F
D
E

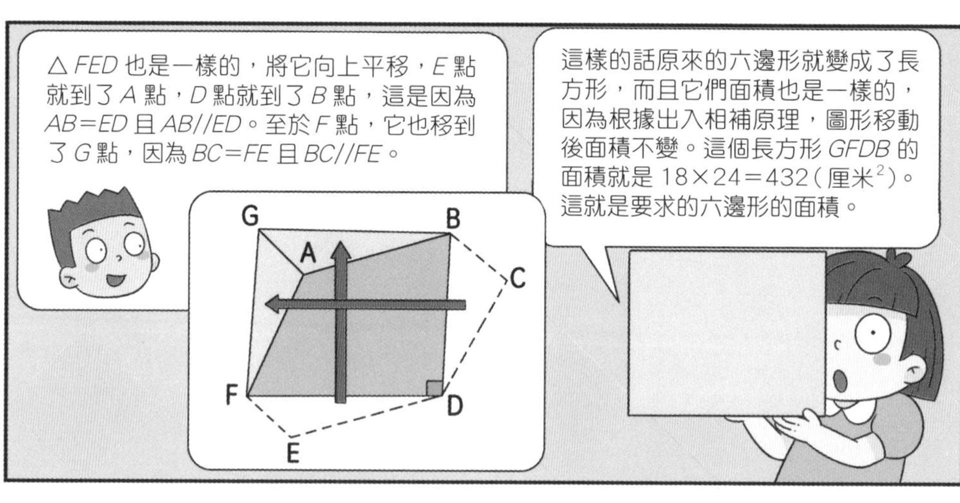
△ FED 也是一樣的，將它向上平移，E 點就到了 A 點，D 點就到了 B 點，這是因為 AB=ED 且 AB//ED。至於 F 點，它也移到了 G 點，因為 BC=FE 且 BC//FE。
這樣的話原來的六邊形就變成了長方形，而且它們面積也是一樣的，因為根據出入相補原理，圖形移動後面積不變。這個長方形 GFDB 的面積就是 18×24=432（厘米²）。這就是要求的六邊形的面積。
G
B
A
C
F
D
E

嘩！不愧是樂於助人又聰明絕頂的地球人，你們簡直將我的能力運用得爐火純青！你們一定也能幫我們打敗那個怪獸吧！

哈哈哈……管他甚麼怪獸，見到我們都得乖乖認輸！

呵呵呵呵，我以為是誰呢，原來是地球人。一點雕蟲小技就想打敗我，未免太過自大了點！

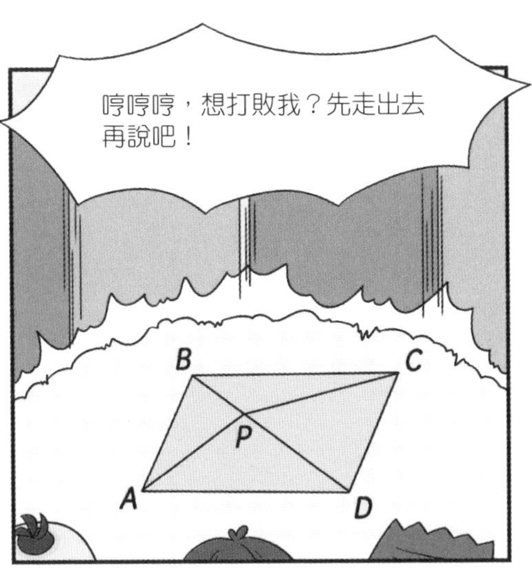
哼哼哼，想打敗我？先走出去再說吧！
B
C
P
A
D

你們要畫出一個邊長等於 PA、PB、PC 和 PD 的四邊形，並且這個新四邊形要為平行四邊形 ABCD 面積的一半。你們肯定畫不出來，哼哼，因為裏面的這一點 P 只是無關緊要的一點，不是中點，與任何邊長都沒有關係。
嗚 …… 這可怎麼辦？

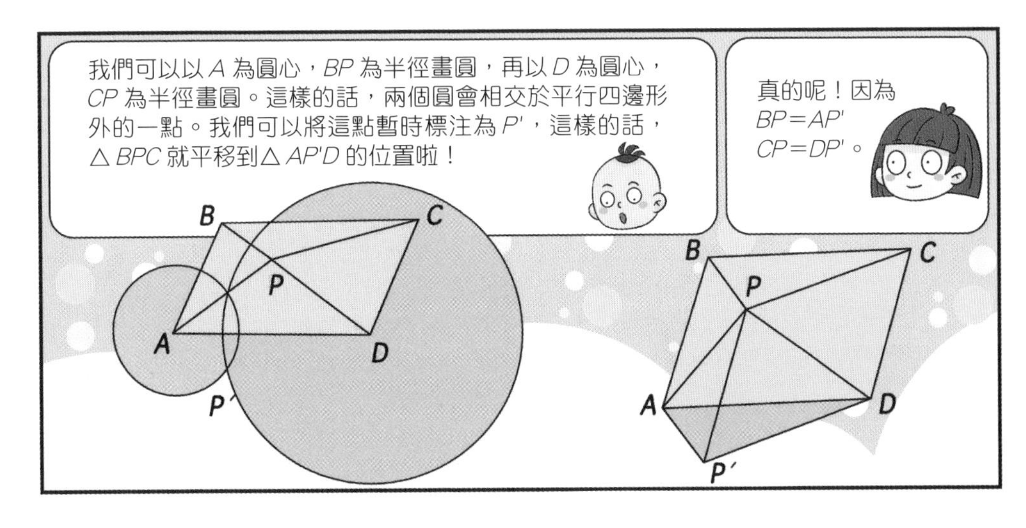
我們可以以 A 為圓心，BP 為半徑畫圓，再以 D 為圓心，CP 為半徑畫圓。這樣的話，兩個圓會相交於平行四邊形外的一點。我們可以將這點暫時標注為 P'，這樣的話，△ BPC 就平移到△ AP'D 的位置啦！
真的呢！因為 BP＝AP' CP＝DP'。
B
C
P
A
D
P'
B
C
P
A
D
P'

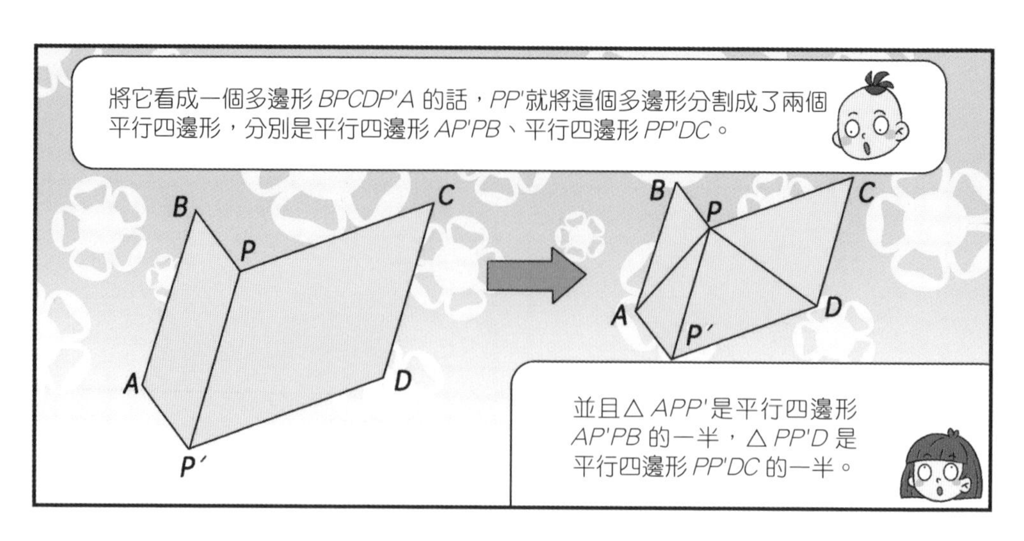
將它看成一個多邊形 *BPCDP'A* 的話，*PP'* 就將這個多邊形分割成了兩個平行四邊形，分別是平行四邊形 *AP'PB*、平行四邊形 *PP'DC*。
B
P
C
A
D
P'
B
P
C
A
D
P'
並且△ *APP'* 是平行四邊形 *AP'PB* 的一半，△ *PP'D* 是平行四邊形 *PP'DC* 的一半。

新四邊形 *AP'DP* 的面積其實就是原四邊形 *ABCD* 面積的一半。

太好了！我們去打敗怪獸吧！
好！

這是我們的鎮長正方形！天啊，她的心臟損毀了。
我們怎麼樣才可以幫助她？

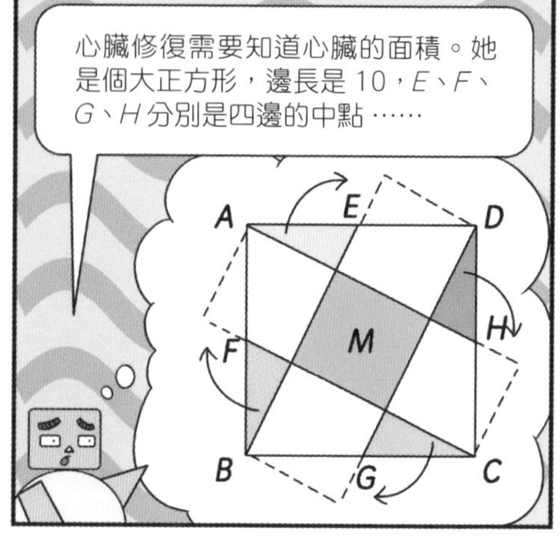
心臟修復需要知道心臟的面積。她是個大正方形，邊長是 10，*E*、*F*、*G*、*H* 分別是四邊的中點……
A
E
D
H
M
F
B
G
C

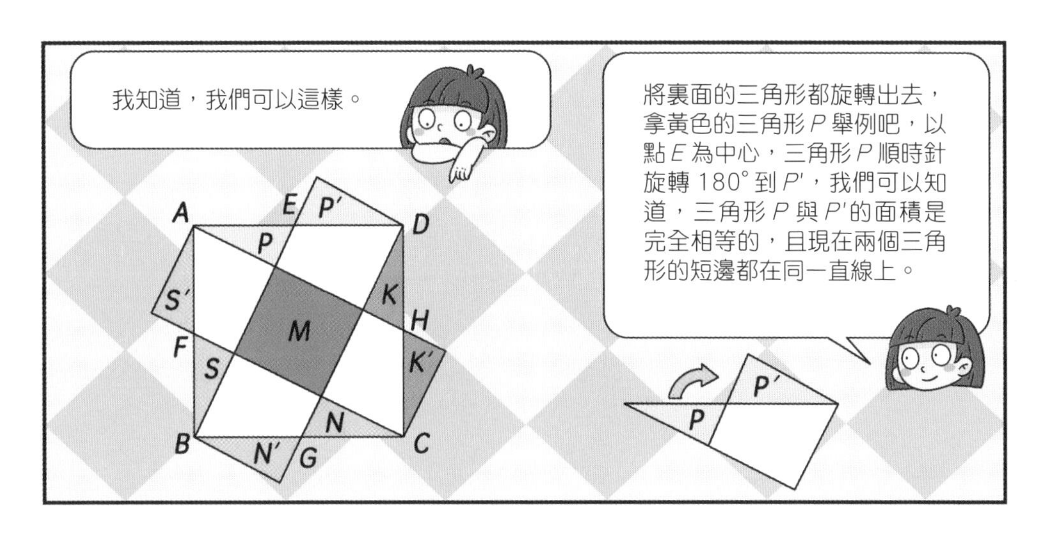
我知道，我們可以這樣。
將裏面的三角形都旋轉出去，拿黃色的三角形 P 舉例吧，以點 E 為中心，三角形 P 順時針旋轉 180° 到 P'，我們可以知道，三角形 P 與 P' 的面積是完全相等的，且現在兩個三角形的短邊都在同一直線上。
A
E
P'
D
P
S'
K
H
M
F
S
K'
N
B
N'
G
C
P'
P

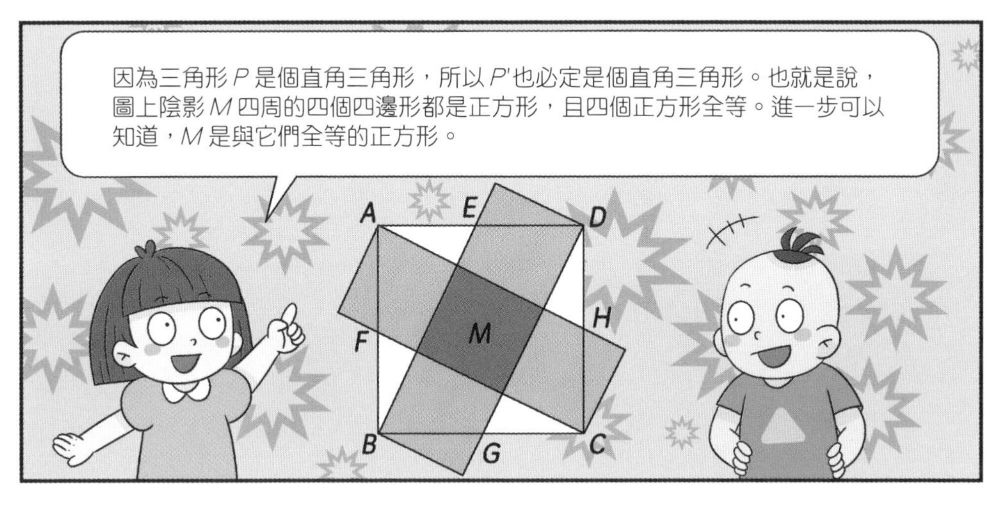
因為三角形 P 是個直角三角形，所以 P' 也必定是個直角三角形。也就是說，圖上陰影 M 四周的四個四邊形都是正方形，且四個正方形全等。進一步可以知道，M 是與它們全等的正方形。
A
E
D
H
F
M
B
G
C

以 M 的邊為邊長的四個正方形的面積，與 M 的面積是相等的，也就是說，他們是五個一模一樣的正方形，更關鍵的是，這五個正方形的面積加起來，等於原來的大正方形的面積！

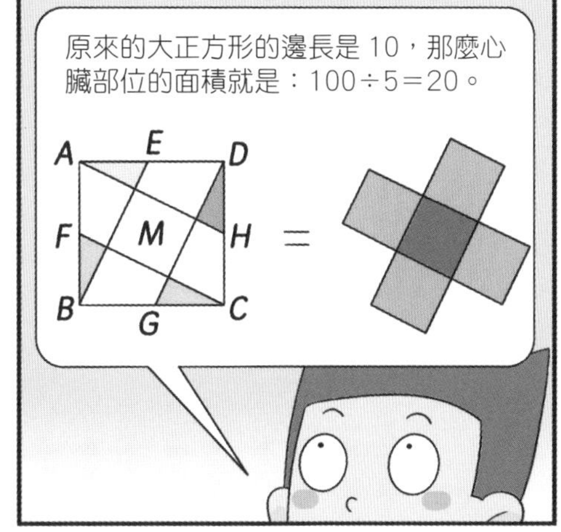
原來的大正方形的邊長是 10，那麼心臟部位的面積就是：100÷5＝20。
A
E
D
F
M
H
=
B
G
C

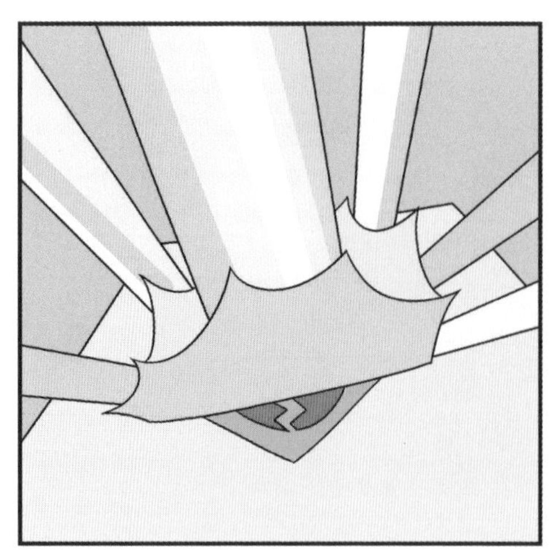

加油！你們一定可以打敗怪獸！
交給我們啦！

哎喲！風好大。

呵呵呵呵，想不到你們還真能出來，看來確實是我小看你們了。
你這隻怪獸，我們今天就是來打敗你的！

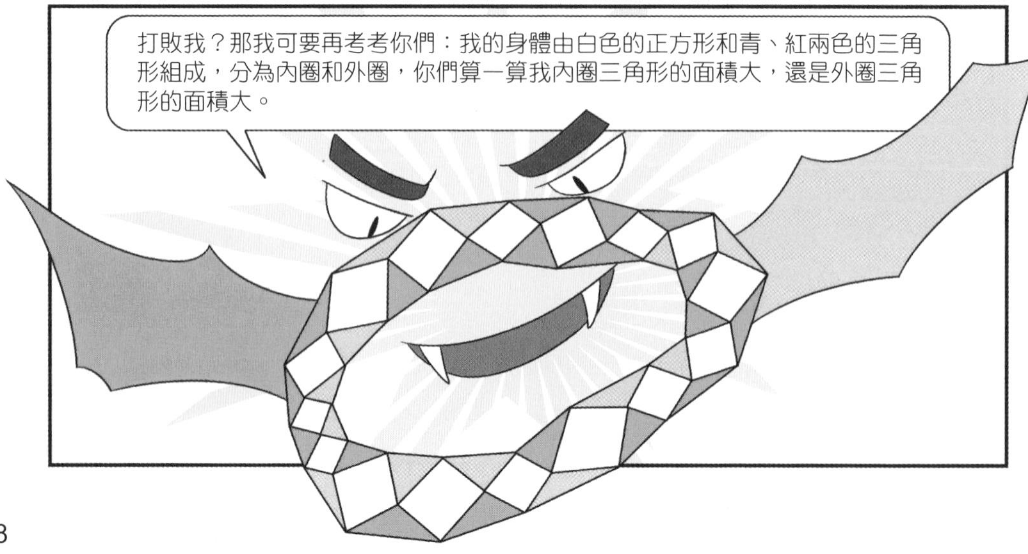
打敗我？那我可要再考考你們：我的身體由白色的正方形和青、紅兩色的三角形組成，分為內圈和外圈，你們算一算我內圈三角形的面積大，還是外圈三角形的面積大。

算不出來吧！那你們只有當我今天的晚餐了，哈哈哈！
一樣大！

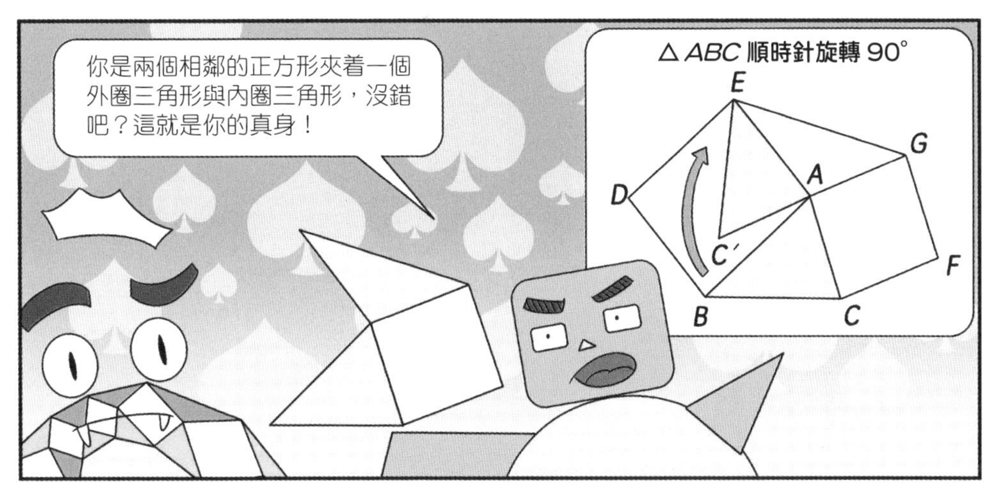
你是兩個相鄰的正方形夾着一個外圈三角形與內圈三角形，没錯吧？這就是你的真身！
△ABC 順時針旋轉 90°
E
G
A
D
C′
F
B
C

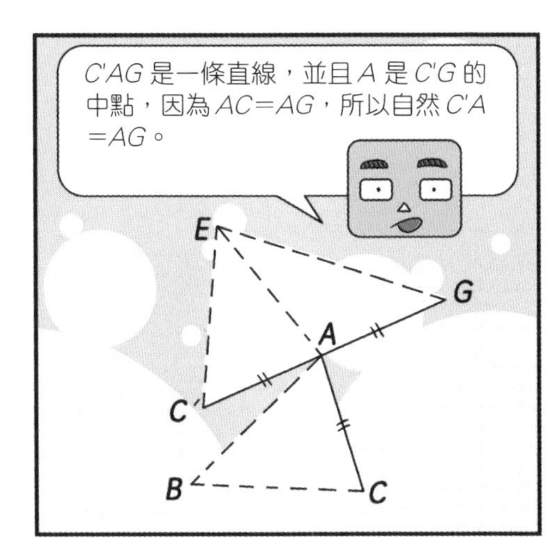
C′AG 是一條直線，並且 A 是 C′G 的中點，因為 AC＝AG，所以自然 C′A＝AG。
E
G
A
C′
B
C

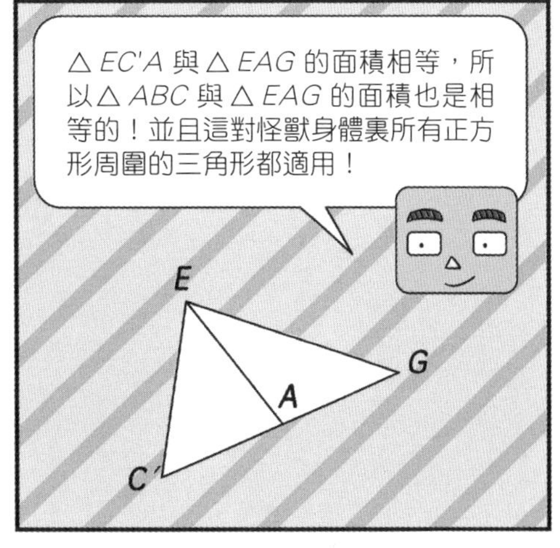
△EC′A 與△EAG 的面積相等，所以△ABC 與△EAG 的面積也是相等的！並且這對怪獸身體裏所有正方形周圍的三角形都適用！
E
G
A
C′

所以內外圈的三角形面積是相等的！
噢！
不！

嚇死我了，還好消滅了怪獸！

不愧是出入相補，
真厲害！

嘿嘿，還是因為你們，我終於能相信自己，從今以
後，我一定要向我的父輩學做一個最棒的工程師，
維護我們平面幾何世界的和諧與尊嚴！

12. 水星跳進盒子裏

太陽系的行星們要舉辦盒子比賽，水星先生請來了阿柳博士和三個小朋友幫忙。

我們幾個行星一直這樣轉着很無聊，就想出了這樣一個比賽 —— 找一個能把我們自己裝進去的方形盒子，誰找的盒子最合適，誰就獲勝。

這個最合適是怎麼定義的？
就是大小正好能把我裝進去的盒子，不能大太多，也不能裝不下。

可是我們去哪裏找這麼大的盒子啊？
用這個吧！這把槍可以把水星先生按比例縮小，然後給他做合適的盒子！

這個主意好！不過能把給我做的盒子也等比例放大嗎？
沒問題！那當然是可以的啦！
滋滋滋～

好了！現在我們可以開始了吧！
縮小
縮小

等一下！我們該用甚麼給水星先生做盒子呢？
就用我身上的大氣層來做吧！這些氣體都是長 16 分米、闊 2 分米的長方形。
16
2

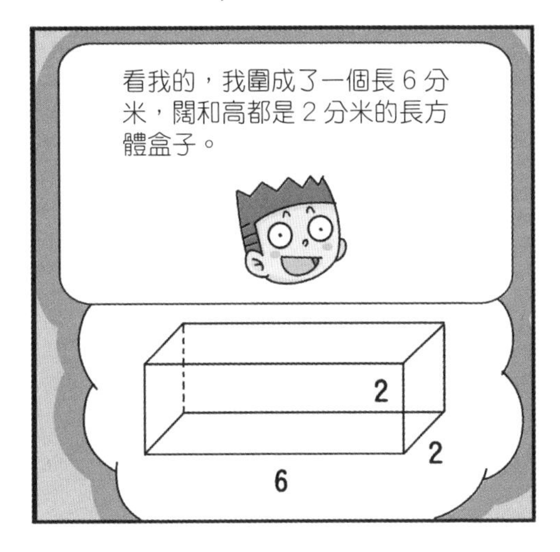
看我的，我圍成了一個長 6 分米，闊和高都是 2 分米的長方體盒子。
2
2
6

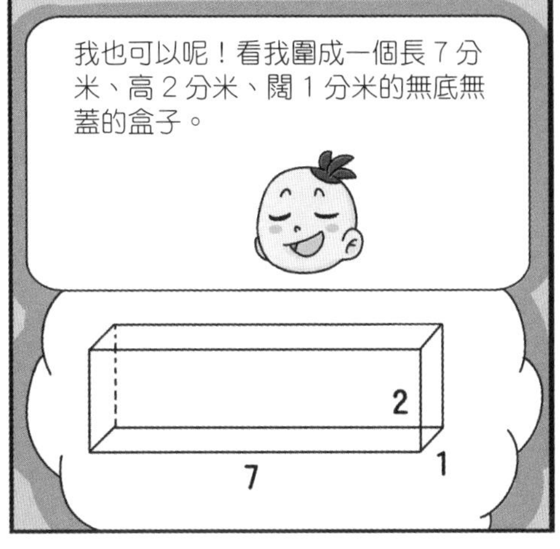
我也可以呢！看我圍成一個長 7 分米、高 2 分米、闊 1 分米的無底無蓋的盒子。
2
7
1

你們這也能攀比啊？那我還有兩種想法：一種是長 5 分米、闊 3 分米、高 2 分米的長方體盒子；還有一種是長和闊都是 4 分米、高 2 分米的長方體盒子。
哦～～～
2
3
5
2
4
4

盒子	長（分米）	闊（分米）	高（分米）	容積（立方分米）
①	6	2	2	24
②	7	1	2	14
③	5	3	2	30
④	4	4	2	32

等等！我還有其他的摺法！

好了，我這也有好多呢。只要這些摺出來的盒子的長＋闊＝8 分米就行；另一類就是長＋闊＝1 分米，高 16 分米。兩類都有無限種摺法。

可以把這份矩形氣體分成四個相同的長方形，圍成一個容積比較小的無底無蓋盒子，這時容積是 16 立方分米。像這樣！
16
4
1
1
16

讓我進這個盒子？你是認真的嗎？！

我還可以把它分成四個長 8 分米、闊 2 分米的長方形。
8
2

快讓我試試！
這樣子橫着圍的話容積就是 8×8×2＝128（立方分米）；豎着圍就是 2×2×8＝32（立方分米）。

不行，這樣我的頭和身體必定有一部分在外邊。

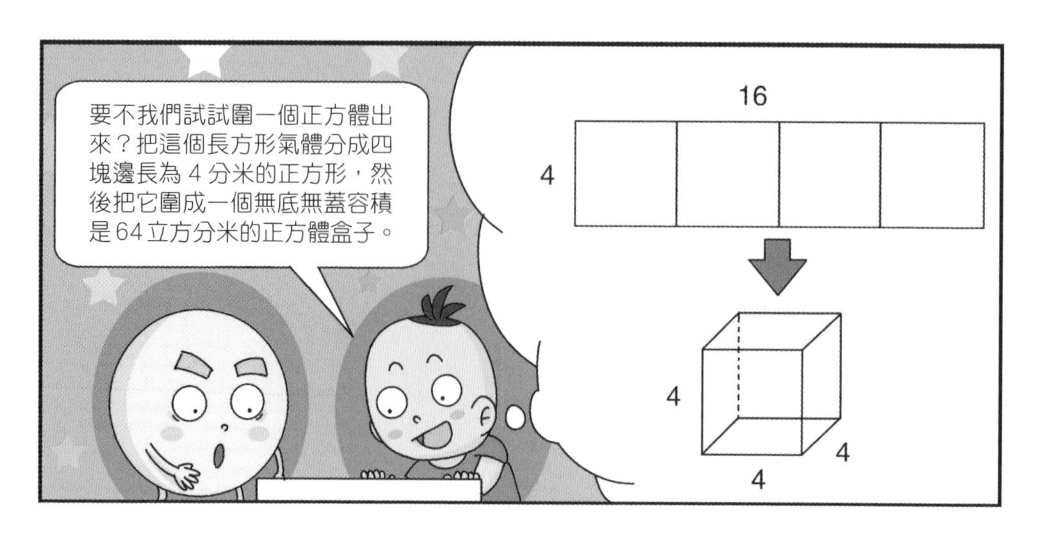
要不我們試試圍一個正方體出來？把這個長方形氣體分成四塊邊長為 4 分米的正方形，然後把它圍成一個無底無蓋容積是 64 立方分米的正方體盒子。
16
4
4
4
4

就是這個！我覺得這個肯定能行！
這次剛剛好！

少了底和蓋啊。這該怎麼解決？
終於完成了，不過是不是少了點甚麼？

簡單，讓我再分點氣體出來。
好耶！我們幫助水星先生完成了他的盒子！他一定可以在盒子大賽中獲勝吧！

好了，水星先生，我把你恢復原狀了！盒子大賽一定要加油啊！

阿柳博士，是圍成的長方形底面積越大，容積就越大嗎？

用這樣一張長方形牛皮紙來圍容器，把它的闊作為圍成的長方體容器的高，而底面是正方形，它的周長就是牛皮紙的長。

為了使長方體的容積最大，它的最大容積就是：
$V=(\frac{1}{4}a)\times(\frac{1}{4}a)\times b=\frac{1}{16}a^2b$。明白了嗎？
哦～
好複雜……
b（闊）
a（長）
b（闊）< a（長）

周長一定的長方形中，正方形的面積最大。

孺子可教也！
哈
哈
哈

13. 正方體染色記

阿柳博士打開實驗室的門，看到羅大頭三人帶着
一個白色的正方體站在門外。

事情是這樣的，長方體給我出
了個難題……
怎樣做到跳進染缸，
只有四個面被染色。
???

聽說你們數學不錯，
你們能幫幫我嗎？

我們也想不出甚麼好辦
法，我們帶你去找阿柳
博士吧。

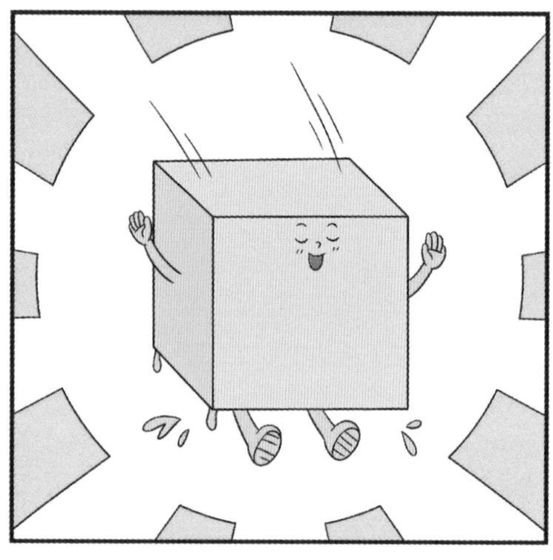

阿柳博士拿出一把激光槍，對着正方體
發射了道激光。

現在這些小正方體有幾
個面被染色了？

阿柳博士，小正方體有 8 個，但是它們
都是三個面被染了色的，不是正方體先
生想要的只有四個面被染色。

你們對我做了甚麼？我怎麼
變成了這個樣子？

我們不就是在幫你想
辦法染色嗎？怎麼分
割成 8 塊，每塊上有
三個面被染了色？

如果現在把他的表面全部染
色的話，小正方體的染色情
況又是怎樣的呢？
會有一個面都沒被染色的
正方體和只有一個面被染
色的正方體。

還有兩個面和
三個面被染色
的正方體。
但是沒有四個面被染
色的正方體。

你們是在捉弄我嗎？好，那我就考考
你們，你們之前說的不同染色情況的
正方體各有多少個？

有三個面被染色的小正
方體有 8 個，正好是在
你的 8 個頂點。
我數了下，有兩個面被染色
的小正方體有 12 個。因為
正方體有 12 條棱，每條棱
上的中段都有一個兩個面被
染色的小正方體。
有一個面被染色的小正
方體有 6 個，因為你有
6 個面，每個面的中心
處有一個一面被染色的
小正方體。
8
1
2
6

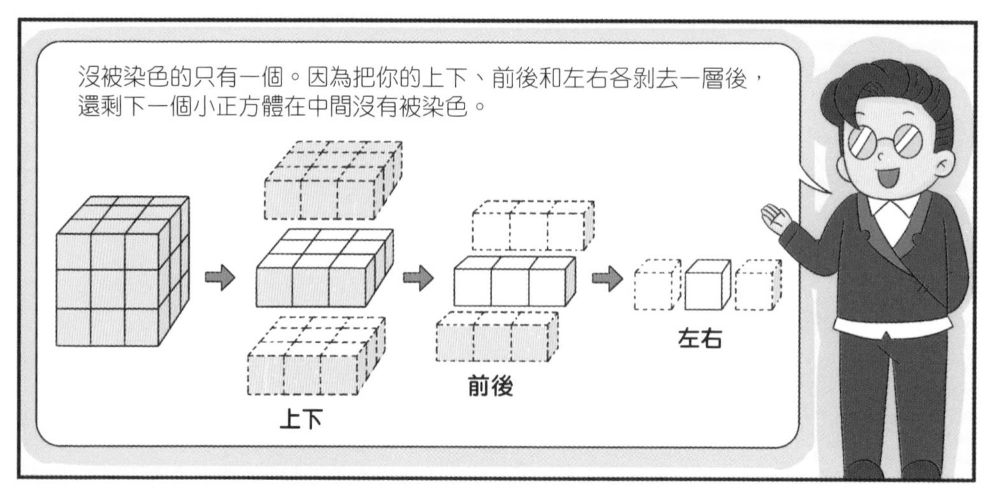
沒被染色的只有一個。因為把你的上下、前後和左右各剝去一層後，
還剩下一個小正方體在中間沒有被染色。
上下
前後
左右

求求你們別再玩我了，幫我染出只有四面被染色的正方體吧。

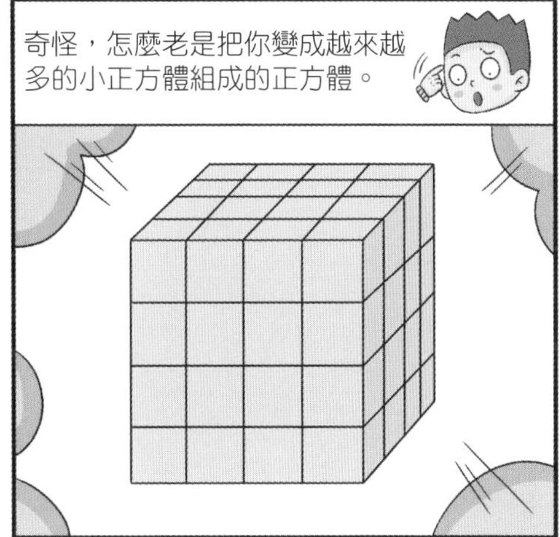
奇怪，怎麼老是把你變成越來越多的小正方體組成的正方體。

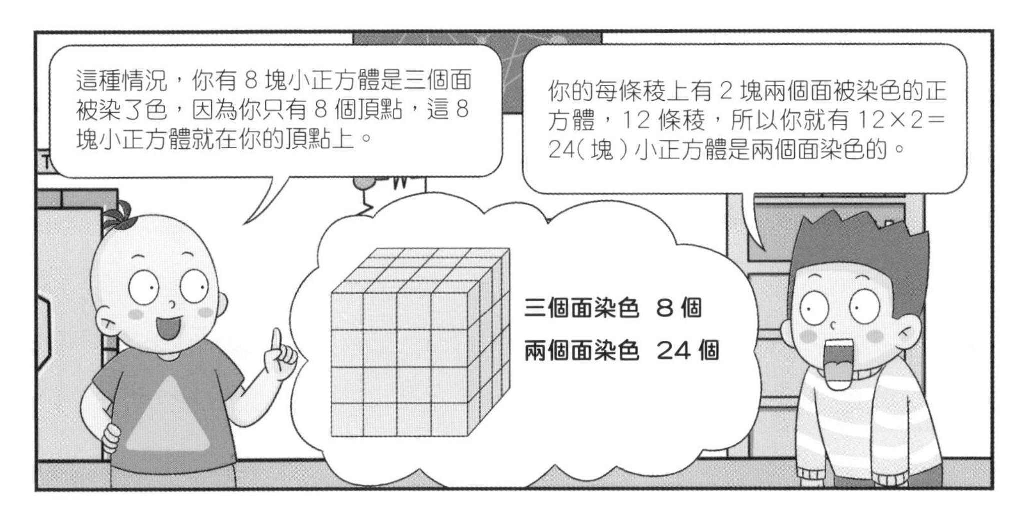
這種情況，你有 8 塊小正方體是三個面被染了色，因為你只有 8 個頂點，這 8 塊小正方體就在你的頂點上。
你的每條稜上有 2 塊兩個面被染色的正方體，12 條稜，所以你就有 12×2＝24（塊）小正方體是兩個面染色的。
三個面染色 8 個
兩個面染色 24 個

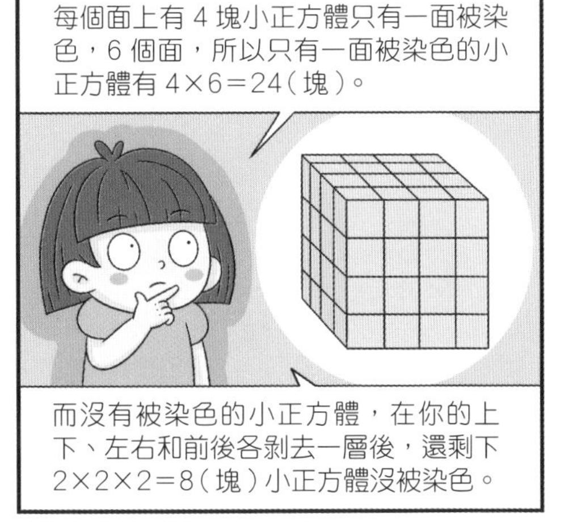
每個面上有 4 塊小正方體只有一面被染色，6 個面，所以只有一面被染色的小正方體有 4×6＝24（塊）。
而沒有被染色的小正方體，在你的上下、左右和前後各剝去一層後，還剩下 2×2×2＝8（塊）小正方體沒被染色。

那你們能總結一下正方體染色的規律嗎？

我把大家的發現匯成了表格。

大正方體	8 個頂點	12 條稜	6 個面	
小正方體	三面染色	兩面染色	一面染色	沒染色
2×2×2	8	0×12＝0	0×6＝0	0
3×3×3	8	1×12＝12	1×6＝6	1
4×4×4	8	2×12＝24	4×6＝24	8
5×5×5	8	3×12＝36	9×6＝54	27

你們看出來甚麼規律了？

假如是由 $n \times n \times n$ 個小正方體組成的大正方體被染色，它們有三個面被染色的小正方體一定是 8 個，因為只有 8 個頂點。

兩個面被染色的小正方體應該有 $12 \times (n-2)$ 塊，因為每條稜上有 $n-2$ 塊兩個面被染色的小正方體，12 條稜就是 $12 \times (n-2)$ 塊。

一個面被染色的小正方體有 $6 \times (n-2)^2$ 塊，因為每個面上有 $(n-2)^2$ 塊一個面被染色的小正方體，6 個面就是 $6 \times (n-2)^2$ 塊。
沒被染色的小正方體就有 $(n-2)^3$ 塊。對了，這個 n 必須大於或等於 2。

總結得非常全面，沒有一點遺漏。但是你們有沒有發現，並沒有只有四個面被染色的情況出現。大家應該要靈活運用所掌握的規律，幫助正方體解決難題喲！
是啊！重要的是如何解決我當下的難題！

沉思……

有了！我有主意了！阿柳博士，麻煩你用激光槍把正方體先生分成一堆小正方體。

變！變！變！

這樣！
這樣！

這樣子你跳進染缸的話，除了兩頭的小正方體是被染了五個面，其餘的都是四個面被染色的小正方體了。

這真是個好主意。終於得到我想要的答案了，
謝謝你們！
EXIT

拜拜～
不客氣，拜拜～

14. 重建雷峯塔——立體圖形的表面積

白素貞的兒子摧毀了雷峯塔，救出了白素貞，白素貞也完成心願成了仙。
娘！

白娘娘受了這麼多苦，總算是苦盡甘來了啊！
確實，不過就是可惜了這樣一座塔了。
羅大頭，剛才白娘子是在向你眨眼睛吧？

啊？她有向我眨眼睛嗎？

羅大頭小朋友，你說得不錯，這樣一座佛塔倒了確實非常可惜。所以，你們有沒有興趣來幫我重修雷峯塔呢？
可是，這座塔不是把你鎮壓了好多好多年嗎？
?

如果我沒到這座塔裏，就還沒這麼快成仙呢。我在塔裏給我水漫金山時死去的人們祈福，化解了他們的怨氣。所以說，我還得感謝雷峯塔呢。

我打算重修雷峯塔，你們想來幫忙嗎？
想啊，想啊！那我們快點出發吧！

嘩！我們到了！

我們是不是得先把這些
塔的廢料清理了？

這個小意思，看
我廢物利用。

你們要幫我把這座模型塔的
表面刷上金漆，我去做雷峯
塔的底座。

讓我們行動起來吧！夥計們！
等一下，我們還不知道這個模型塔的尺寸數據呢，也就不知道需要刷多少的金漆。
每個小正方體的稜長是 1 米，肯定沒錯。
那我就知道我們需要塗多少的金漆了。
我說你們倆塗不塗了？我都在那背了半天，手臂都酸了。
別着急啊，我們得先知道需要塗的面積。
塔的前後左右四個面都是這樣的。每一面有十個小正方形，一面需要塗的面積就是 10 平方米，四個面就是 40 平方米！
1
2
3
4
5
6
7
8
9
10

應該就塗這些吧？

還有它的上面也需要塗。從上面往下看，需要塗金漆的面積就是 4×4＝16（平方米）。

那是不是還要塗下面？那我們需要塗金漆的面積就是 16×2+40＝72（平方米）了。
下邊你塗甚麼啊？我們只用塗剛才我們算出來的部分，也就是 16+40＝56（平方米）。

你們這麼快就把塔的模
型塗完金漆啦？比我預
想的要快嘛。
白娘娘，還有甚麼需要
我們幫忙的嗎？
有啊！你們看這一堆
正方體磚塊。

這些磚塊怎麼了？
是這樣的，法海禪師告訴我，要用這 2001 塊稜長為 1
米的正方體，拼成一個表面積最小的長方體，這才符合
佛家的以最小納最多的精神。

法海？在哪裏？我要教訓他一頓，讓他冤枉好人。不對，好蛇！
好啦，李沖沖小朋友。我和他的前塵舊怨已經了結，現在只想把雷峯塔重建好。

我想到了！

你想到了甚麼？
當然是想到了怎麼擺弄這堆磚塊了。

法海禪師的意思，換句話講，就是把 2001 分成三個整數的積，並且這三個整數兩兩相乘的積是最小的。

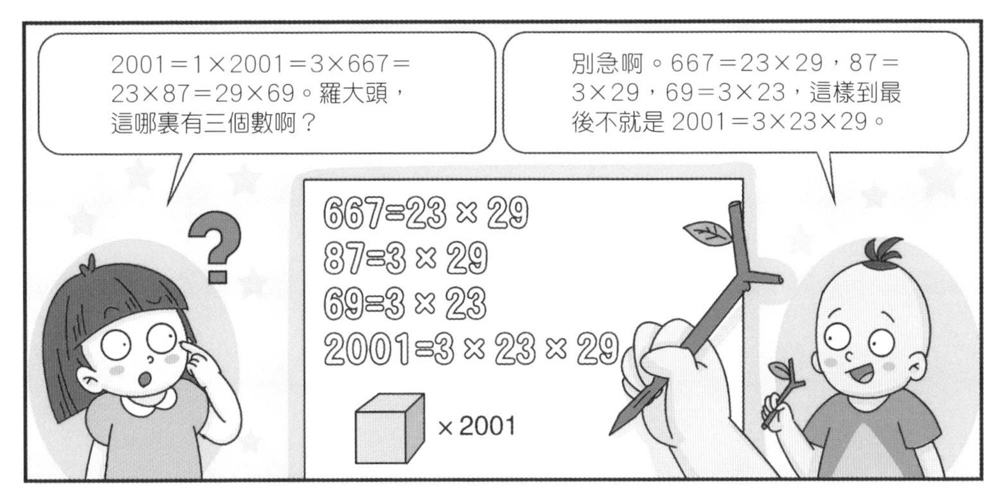
2001＝1×2001＝3×667＝23×87＝29×69。羅大頭，這哪裏有三個數啊？
別急啊。667＝23×29，87＝3×29，69＝3×23，這樣到最後不就是 2001＝3×23×29。
667=23 × 29
87=3 × 29
69=3 × 23
2001=3 × 23 × 29
× 2001

所以堆成的長方體的長、闊、高肯定分別為 29、23、3。長方體的最小表面積就是 (29×23+23×3+29×3)×2＝1646（平方米）。
3
23
29
不錯！不錯！接下來到我出手了，看好了！
取下
變！
變大！變大！

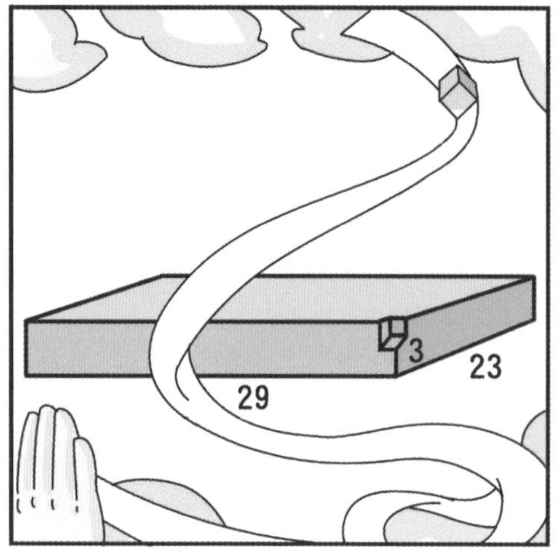
3
23
29

我們現在先弄雷峯塔的底座，待會直接把刷好的塔尖放上去就行。
底座？這裏哪有底座啊？
?

這些都是稜長為 4 米的正方體材料，我們把它們的一部分挖出來，然後拼到一起，構成雷峯塔的底座。
白娘娘，那我們該挖哪一塊呢？

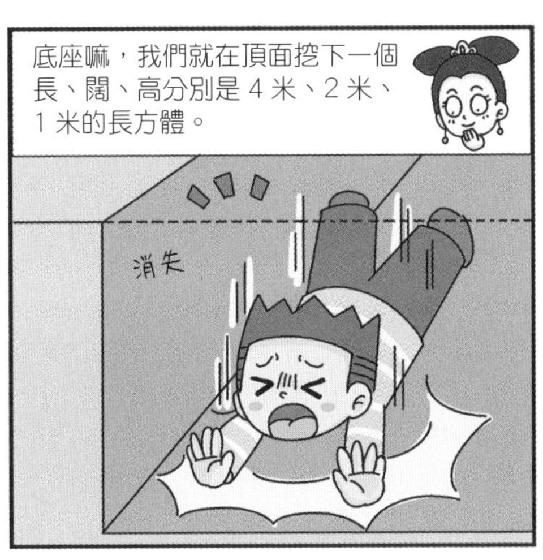
底座嘛，我們就在頂面挖下一個長、闊、高分別是 4 米、2 米、1 米的長方體。
消失

挖下了這一塊後，剩下底座的表面積是多少呢？
4
1
2

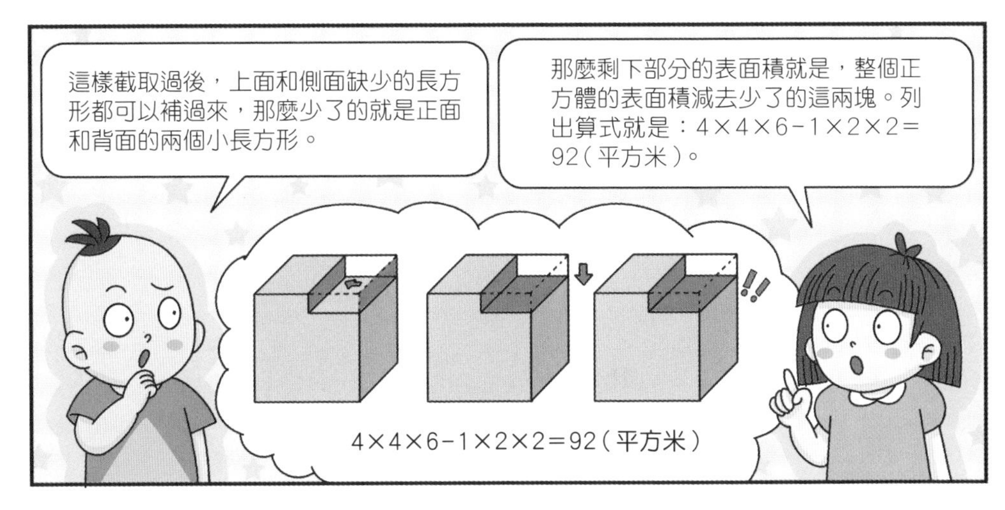
這樣截取過後，上面和側面缺少的長方形都可以補過來，那麼少了的就是正面和背面的兩個小長方形。
那麼剩下部分的表面積就是，整個正方體的表面積減去少了的這兩塊。列出算式就是：4×4×6－1×2×2＝92（平方米）。
!!
4×4×6－1×2×2＝92（平方米）

他們在說甚麼？不是準備拼塔的基座嗎？
應該是剛才表面積算多了。表面積應該是$4^3-1\times2\times2=60$（平方米）。

真是兩個善於動腦筋的小朋友呢。那讓他們算着，我們倆抓緊時間把塔完成吧！
衝！

這次真是多虧了你們，我才能這麼快把雷峯塔重建好。
好耶！我們把雷峯塔重建好了！

為了感謝你們，我邀請你們看西湖雷峯塔最著名的景色之一。
那是甚麼啊？

那就是雷峯夕照啊！抬頭，在上邊。

阿柳博士，您怎麼來了？
一天都沒看到你們，我就來找你們了。還好趕上了，不然我就欣賞不到西湖的「雷峯夕照」了。
那就請阿柳博士和我們一起來看美景吧！
嘩，太漂亮了！

15. 羅大頭奔月——嘗試與遮推

阿柳博士，今天是中秋節，
我們今晚一起去賞月吧！
阿柳博士人呢？

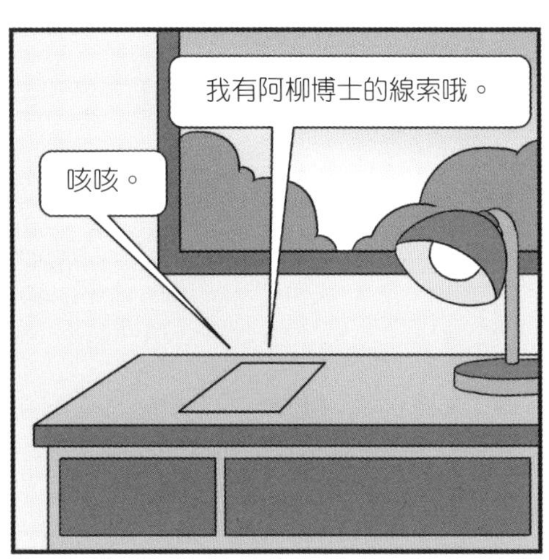
我有阿柳博士的線索哦。
咳咳。

阿柳博士，你出來啊！
不要待在紙上了！
阿柳博士去了一個很好玩的地方，留我在這裏帶你們過去。

不過你們得把我們這些單薄的紙片，變成和那邊的積木一樣的立體形狀才行。
就你們？

我有辦法！紙先生你等着。

嘿，一張紙太薄了，把這些紙疊在一起就可以成積木一樣的立體形狀了。

不錯的想法，那要是只有我這一張紙，又怎麼把我變成積木一樣的立體形狀呢？
一張紙怎麼可能？
唰唰
唰唰

你看好了。

紙變成了原來的 4 倍厚。
對啊！我們可以用摺紙的方法啊！

阿柳博士這會兒正在月宮喝茶呢，我們要摺到月宮上邊去。
嘩！這太有型了吧！那我們趕緊開始吧！

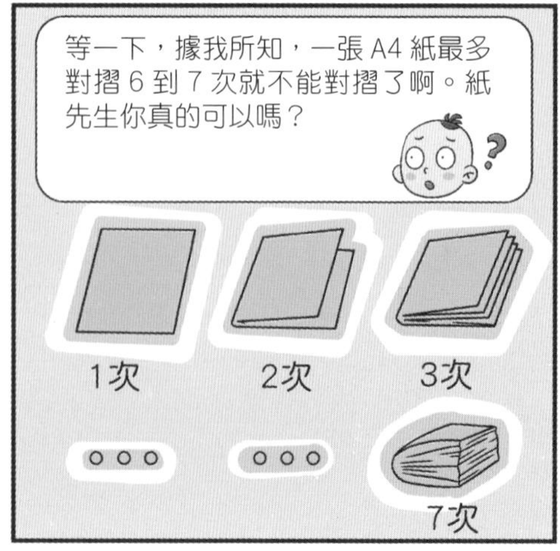
等一下，據我所知，一張 A4 紙最多對摺 6 到 7 次就不能對摺了啊。紙先生你真的可以嗎？
1次
2次
3次
7次

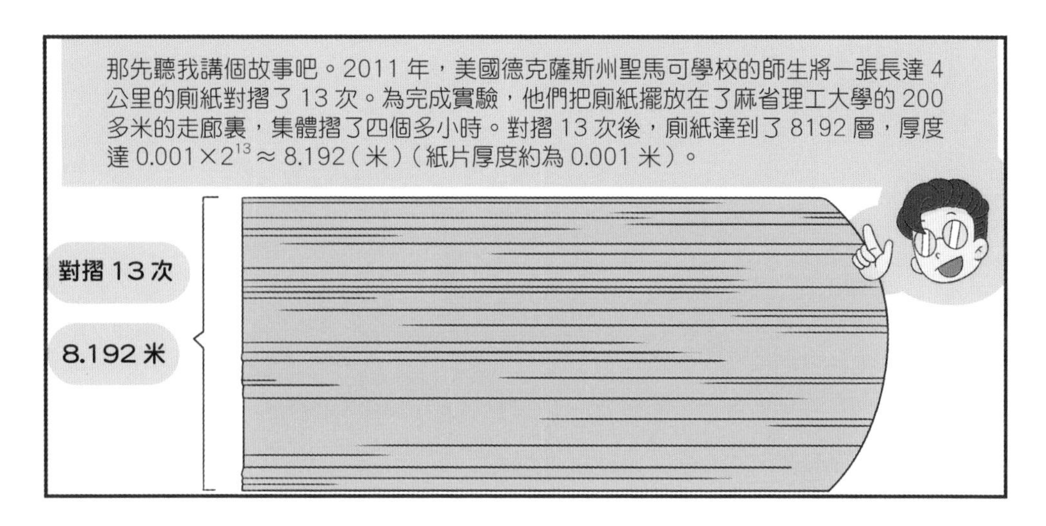
那先聽我講個故事吧。2011 年，美國德克薩斯州聖馬可學校的師生將一張長達 4 公里的廁紙對摺了 13 次。為完成實驗，他們把廁紙擺放在了麻省理工大學的 200 多米的走廊裏，集體摺了四個多小時。對摺 13 次後，廁紙達到了 8192 層，厚度達 $0.001\times2^{13}\approx8.192$（米）（紙片厚度約為 0.001 米）。
對摺 13 次
8.192 米

紙先生也能對摺這麼多次？
太小看我了，我可是阿柳博士發明的無限紙。

來吧，站到我的身上來。

嘩！這樣安全嗎？
放心吧，絕對安全。
摺——

第 24 次對摺，我們的高度就已經達到了 $0.0001 \times 2^{24} = 1677.72$（米）啦，比中國名山 —— 南嶽衡山還高！

等到第 42 次對摺時，我們的高度會達到 $0.0001 \times 2^{42} \approx 439804.65$ 公里（地球到月亮的平均距離是 384403.9 公里），已經超過了到月球的距離。

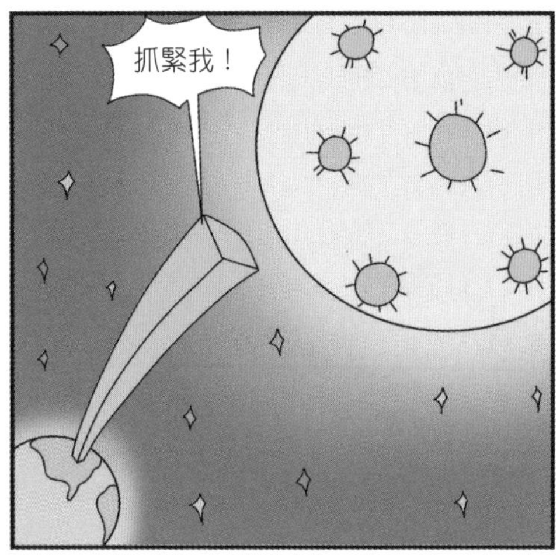
抓緊我！

嫦娥仙子，今天你的月宮可是熱鬧了啊，又有小客人來了。
一年一度的中秋節嘛，熱鬧點好。

嘩！嫦娥姐姐，你好漂亮啊！
朱栗小朋友，你也很漂亮啊。

阿柳博士！你在哪裏？阿柳博士！
難道阿柳博士變成了和尚？

不是，不是，小朋友弄錯了，我是布袋和尚啦。

你們跟我來，我帶你們去找阿柳博士。

阿柳博士就在這裏面嗎？
李沖沖小朋友，這樣可是打不開這扇門的哦。
玄妙之門

這是我和阿柳博士共同創造出的玄妙之門，你們需要在 20 秒內，用直線把這扇門劃分成最多的區域，這門就可以打開了。
20 秒？這該怎麼辦啊？

手把青秧插滿田，
低頭便見水中天。
六根清淨方為道，
後退原來是向前。

我知道了，布袋和尚是讓我們學會往後退。
那我們就從一個完整的圓開始吧，劃 1 次，最多把它劃成 2 個區域，就像這樣。

那劃 2 次的話，最多就能劃成 4 個區域（1+1+2）。

所以，劃 3 次，最多能分出 7 個區域（1+1+2+3）。

我猜測，劃 4 次最多能劃出 11 個區域（1+1+2+3+4）。
2、4、7、11，有甚麼規律呢？
它們後一個數字分別比前邊的一個數大 2、3、4！
247 11

所以劃第 n 次比第 $n-1$ 次的區域多 n 個區域。那麼，n 次劃出的區域共是 $2+2+3+4+5+\cdots+n=1+1+2+3+4+\cdots+n=\frac{n(n+1)}{2}+1$。所以劃 n 次最多將這個門分成 $\frac{n(n+1)}{2}+1$ 個區域！
我們大約 1 秒劃 1 次，20 秒的話，我們最多就能劃出 $\frac{20\times21}{2}+1=210+1=211$（個）區域。

你們可算來啦。
阿柳博士！我們終於找到您啦！

16. 阿柳博士的「怪客」——假設法解行程問題

一天，阿柳博士出了一個難題。

有一條長 380 米的跑道，李沖沖在跑道的一頭，朱栗和羅大頭在另一頭。李沖沖以每分鐘 45 米的速度往朱栗和羅大頭的方向走；羅大頭和朱栗分別以每分鐘 60 米和每分鐘 40 米的速度往李沖沖的方向走。幾分鐘後李沖沖在朱栗和羅大頭的正中間？

我按照怪客說的站好了。
那我們開始吧。

我先遇到羅大頭了。
45米/分
60米/分

我和李沖沖相遇了，大家快停下。
50米/分

為甚麼停下來了。
現在李沖沖就在你們兩個中間哦。
這是為甚麼啊？

我畫張圖給你們解釋吧。開始後李沖沖便向我們三個人走過來。李沖沖先是遇到了走在前面的羅大頭，然後又和我相遇。這時如果我們幾個都停下來，就會發現李沖沖正好在朱栗和羅大頭的正中間。

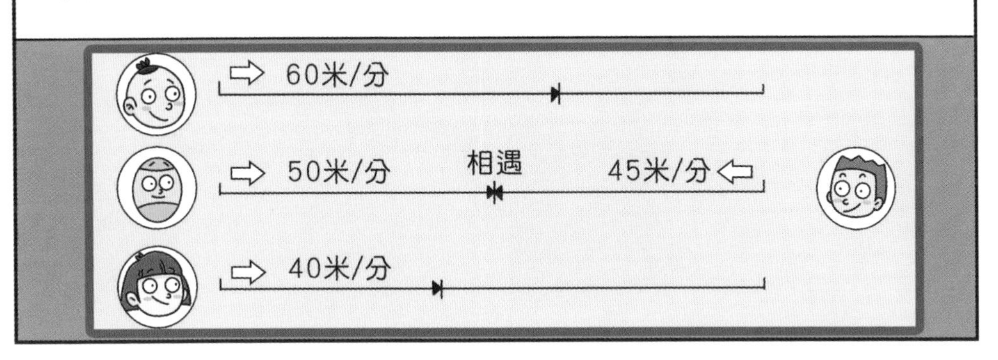

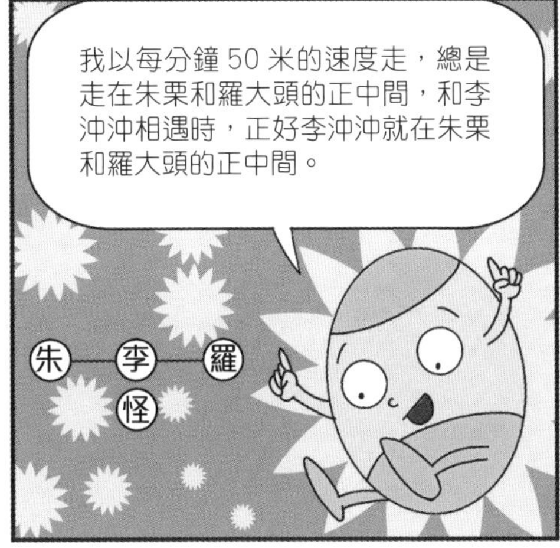

阿柳博士決定讓小朋友們在沒有怪客的幫助下，解決另一個問題。

朱栗和羅大頭同時從 *A* 出發去追在 *B* 地同時同方向出發的李沖沖，兩地相距 48 公里。羅大頭、朱栗和李沖沖三人的速度分別是 20 公里／時、16 公里／時、12 公里／時。甚麼時候李沖沖正好在朱栗和羅大頭的正中間？

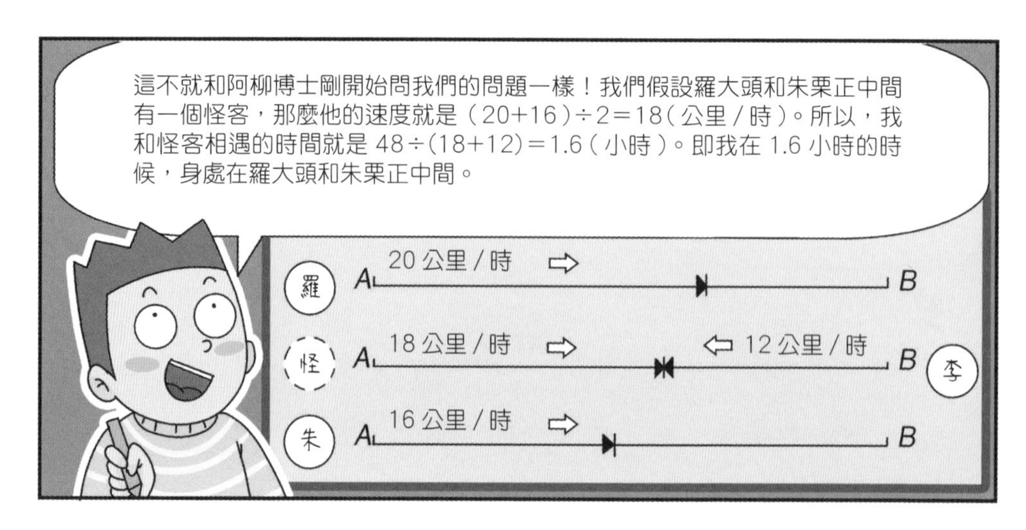

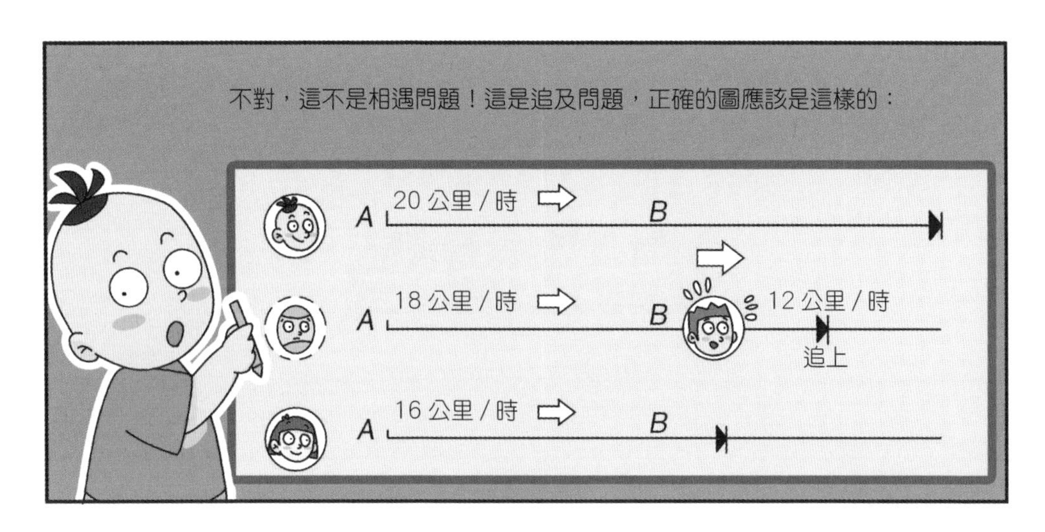
不對，這不是相遇問題！這是追及問題，正確的圖應該是這樣的：
20 公里 / 時
A
B
18 公里 / 時
A
B
12 公里 / 時
追上
16 公里 / 時
A
B

沒錯，這時候的問題就是怪客甚麼時候能追上李沖沖。追上的時間就是 48÷(18−12)＝8（小時）。那麼出發後 8 小時，李沖沖身處在我和羅大頭的正中間。

原來是這樣，我又理解錯題目了。

回答正確，可以玩耍！
放開我，我要玩耍！

17. 熱情的小狗——追及問題

朱栗家有一隻雪白的小狗。

最近這隻小狗怎麼也不吃東西。

為甚麼小狗不吃東西呢？博士有甚麼辦法嗎？
讓我們帶上這個動物語言翻譯器問問牠吧！

可愛的小狗，你最近為甚麼不吃不喝呢？
阿柳博士、小主人，我有心事。

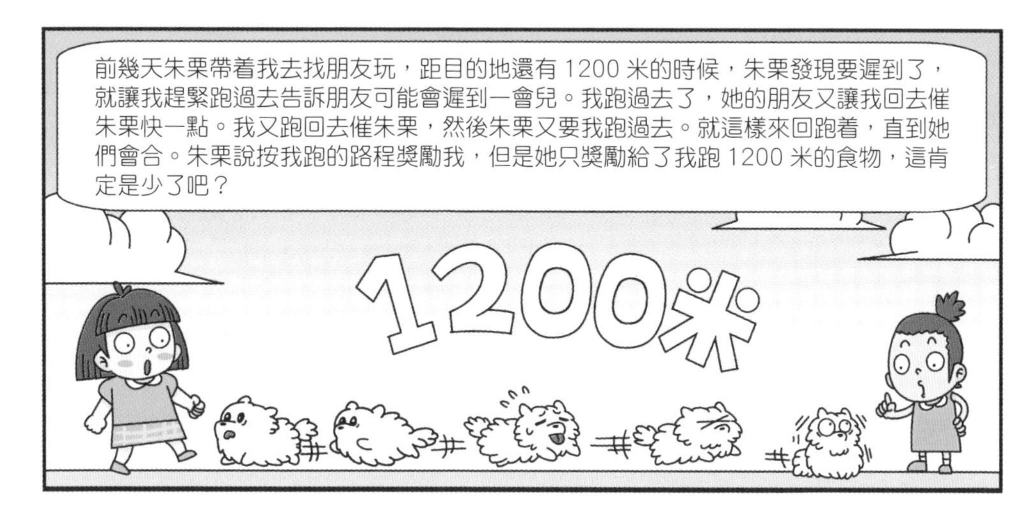
前幾天朱栗帶着我去找朋友玩，距目的地還有 1200 米的時候，朱栗發現要遲到了，就讓我趕緊跑過去告訴朋友可能會遲到一會兒。我跑過去了，她的朋友又讓我回去催朱栗快一點。我又跑回去催朱栗，然後朱栗又要我跑過去。就這樣來回跑着，直到她們會合。朱栗說按我跑的路程獎勵我，但是她只獎勵給了我跑 1200 米的食物，這肯定是少了吧？
1200米

原來這段時間你反常是因為這個啊！請阿柳博士幫幫忙吧，得趕緊補上欠小狗的獎勵。
你和朱栗的速度分別是多少呢？

我用我最快的速度每分鐘 160 米在奔跑，我目測朱栗的速度是每分鐘 60 米。
160 米／分
60 米／分

小狗跑 1200 米只要：1200÷160＝7.5（分鐘）。

小狗跑完 1200 米時，朱栗走了 7.5×60＝450（米），這時朱栗和小狗相距 1200－450＝750（米）。接下來是相遇的問題，假設花了 x 分鐘朱栗和小狗相遇，那麼可以列出方程 $60x+160x=750$，解得 $x=\frac{75}{22}$。然後就是……
寫
寫

羅大頭的解法沒有問題，就是過程太繁瑣了。
羅大頭，你是算複雜了吧，我和朱栗跑的時間是一樣的。
小狗說的沒錯，你們不要被這個跑來跑去的過程給迷惑住了，要從總體上去考慮。

我知道了！就如小狗說的，牠和我用的時間是一樣的，我用了 1200÷60＝20（分鐘）才到約定地點。小狗的速度是每分鐘 160 米，那牠跑過的路程就是 160×20＝3200（米）。
1200÷60
＝20（分鐘）
160×20
＝3200（米）

那你就還需要補給小狗 3200－1200＝2000（米）的食物獎勵。
3200－1200＝2000（米）
要給的－已經給的＝不夠的

謝謝小主人！
DOG

吃完飯後小夥伴們帶着小狗來到公園散步。
嗯？前面有隻小黃狗。

這就是你聰明的主人嗎？我看比不上我這小黃狗。
不信的話我們可以考考他們！

隨着「汪」的一聲開始，兩隻小狗開始向對方移動了。牠們相向移動了 2 分鐘，又立刻轉身相背而行；相背而行了 4 分鐘之後，又轉過身相向而行；相向而行 6 分鐘後，又轉身相背而行了 8 分鐘。牠們就這樣每轉向一次比上一次多走兩分鐘，磨磨蹭蹭走了 28 分鐘，然後站定。

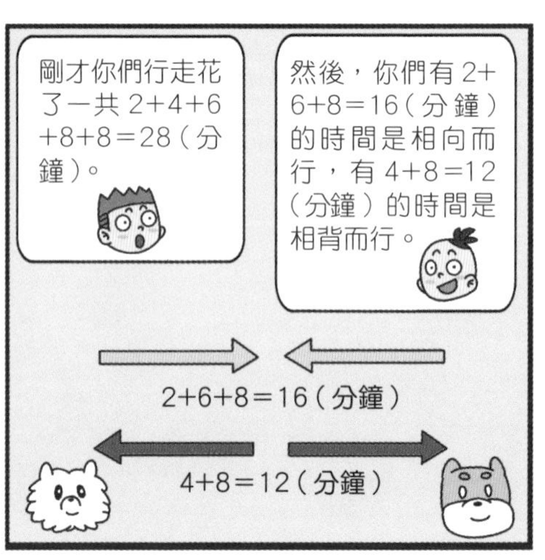

相向 / 分	相背 / 分
2	4
6	8
8	
合計：2+6+8＝16	合計：4+8＝12

18. 離離原上草——牛吃草問題

就算你現在把我們吃光了，來年我們也會長出來的！你可曾聽過一句詩：「野火燒不盡，春風吹又生。」我們改了一下送給你們：「牛牛吃不盡，來年草再生。」我們草場王國不會被你們輕易打敗的！

兩年前，我們牛牛王國有 24 頭牛，6 週就吃光了這片草地。去年只有 20 頭牛了，花了 10 週才吃光小草。今年草又長出來，我們 18 頭牛，今年多久會吃完呢？

不對啊，24 頭牛吃 6 週，20 頭牛吃 10 週。但是 24×6 ≠ 20×10 啊。大家怎麼看呢？

你們看，那裏的草和我們這裏的顏色不一樣。

我知道了！
老草
新草
奶牛在吃草的同時還有新鮮的草正在長出來。

第一年的時候，24 頭牛吃 6 週。
小草又冒出來了！

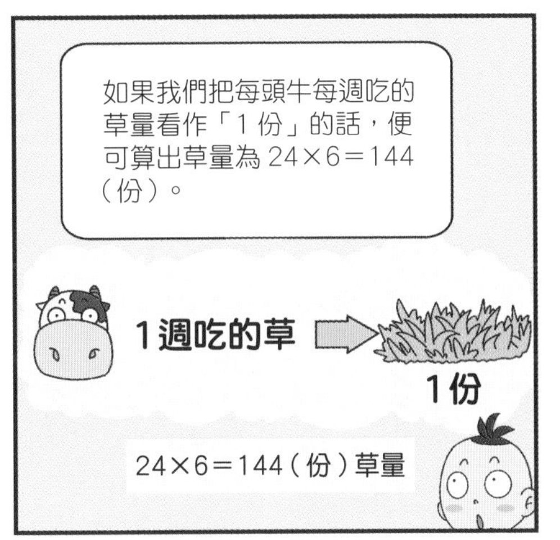
如果我們把每頭牛每週吃的草量看作「1 份」的話，便可算出草量為 24×6＝144（份）。
1 週吃的草
1 份
24×6＝144（份）草量

這 144 份草量是由兩部分組成的，即：原有草量 +6 週內新長的草量。
144 份＝原有 +6 週內新增

第二年的時候，20 頭牛吃 10 週。
剩下 20 頭牛吃完草需要的時間變多了！
10 週

可以求出的草量則為 20×10＝200（份）。這 200 份草也是由兩部分組成，即：原有草 +10 週內新長的草。
200 份＝原有 +10 週內新增

那麼，前後對比多出的草量為 20×10−24×6＝56（份），這 56 份又是甚麼呢？
20×10−24×6＝56（份）

那不就是 4 週內新長的草的數量。
那麼我們就可以知道草場王國一週內生長出的草是 56÷4＝14（份）。

三人回到實驗室。
不愧是你，羅大頭。我們在生活中也要有這種可持續發展的理念，這樣我們才能在地球上長久地生活下去。

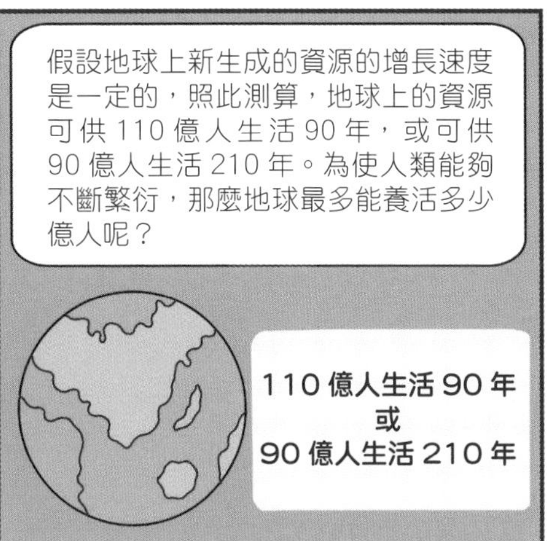
假設地球上新生成的資源的增長速度是一定的，照此測算，地球上的資源可供 110 億人生活 90 年，或可供 90 億人生活 210 年。為使人類能夠不斷繁衍，那麼地球最多能養活多少億人呢？
110 億人生活 90 年
或
90 億人生活 210 年

我們可以將 1 億人生活 1 年所需的資源假設為 1 份。
那麼 110 億人生活 90 年所需資源為 110×90＝9900（份），90 億人生活 210 年需要 90×210＝18900（份）。

說明地球經過 210−90＝120（年），新生資源 18900−9900＝9000（份），每年新生成資源 9000÷120＝75（份）。所以地球最多能養活 75 億人，人口多了，就會坐吃山空。
真是一個龐大的數據啊！
75億

回答正確！我來請大家吃美味的雪糕吧！

19. 有趣的埃及分數

實驗室
這張紙看起來很古老啊！

博士，這是甚麼？

這是《萊因德紙草書》的複製本。
《萊因德紙草書》？是不是做成紙的草叫萊因德？

哈哈，不是，製作成紙的草是尼羅河畔的水草，叫紙莎草。

是買的人叫亞歷山大·萊因德。在 19 世紀 50 年代，蘇格蘭人亞歷山大·萊因德來到埃及，偶然購買了一份大約成書於公元前 1650 年左右的手卷。
這張手卷上就記錄着埃及分數。後來，這份手卷成為研究古埃及數學的權威之作，這卷紙也因此被命名為《萊因德紙草書》。

啊？埃及分數又是甚麼？

在古埃及，人們一般只使用分子為 1 的分數，分子不為 1 的分數需要用幾個分子為 1 的分數之和來表示。所以直到現在，還有些人將分子為 1 的分數稱為埃及分數（即是我們常說的單位分數）。
1
x

在現有記載中，古埃及人是最早使用分數的。古時埃及的尼羅河氾濫，河水退卻之後，留在兩岸的是肥沃的土壤。於是每年汛期一過，各個部落重新測量土地面積以確定交租數目，當得不到整數時就創造了一種象形符號表示分數。

他們用一個圓圈，在下面加上幾根豎條就表示幾分之一，所以他們大部分時候沒有辦法表示大於 1 的分子。
$=\frac{1}{2}$
$=\frac{1}{3}$
$=\frac{1}{5}$
$=\frac{1}{6}$
$=\frac{1}{10}$
也可以記為

歷史上，阿基米德也研究過埃及分數。許多人都認為埃及人不懂數學，比如說要將 2 個麵包分給 5 個人，他們竟然不會表示每個人取得 $\frac{2}{5}$，而只能表示成 $\frac{1}{3}+\frac{1}{15}$。

但是為甚麼不會表示分子大於 1 的分數呢？而且為甚麼不表示成 $\frac{1}{5}+\frac{1}{5}$ 呢？

你問得對，埃及分數拆分時頗有講究：拆分後項數少的比項數多的好；項數相同的情況下，最大的分數越小越好。至於為甚麼在當時不會通分的情況下，還能準確地計算出幾分之幾，這也是埃及分數為甚麼能吸引眾多人研究的原因之一。
不僅是埃及分數，《萊因德紙草書》上還記載了計算金字塔坡度、飼養不同家禽需要的糧食等問題。

博士，我們去埃及看看吧！
可以 …… 正好我也在研究埃及分數。

埃及
我們去博物館吧。

我們接下來要到的地方就是埃及國家博物館，裏面不僅有許多古埃及國王的雕像，還有許多非常珍貴的木乃伊、珠寶、繪畫。

還有埃及紙草書，雖然保存較為完整的兩卷——《萊因德紙草書》與《莫斯科紙草書》不在這裏。

快上的士吧！

如果要將 $\frac{5}{6}$ 拆解成兩個埃及分數的和，能怎麼拆？

$\frac{5}{6}=\frac{1}{2}+\frac{1}{3}$！我先解出來，我贏了！
嗯⋯⋯ 等我想想。

我之前看過一個例子，$\frac{7}{12}=\frac{1}{3}+\frac{1}{4}$。我發現 12 的約數有 1、2、3、4、6、12，其中 3 和 4 不僅是 12 的約數，它們的和還是等式前方的分子。所以 $\frac{7}{12}=\frac{4+3}{12}=\frac{1}{3}+\frac{1}{4}$ 。

我們可以套用這種方法，就像前面這道題，$\frac{5}{6}$ 的分母 6 的約數有 1、2、3、6，且其中 2+3=5，所以 $\frac{5}{6}=\frac{1}{2}+\frac{1}{3}$ 。

真的呢，比如 $\frac{13}{42}$ 的約數有1、2、3、6、7、14、42，其中6+7=13，所以 $\frac{13}{42}=\frac{1}{6}+\frac{1}{7}$！
對，就是這樣。

埃及博物館

著名的《萊因德紙草書》和《莫斯科紙草書》就是記錄在埃及紙草書上，其中記載了聞名世界的埃及分數。

比如一個經典問題，如何從 $\frac{1}{2}$、$\frac{1}{3}$、$\frac{1}{4}$、…、$\frac{1}{100}$ 裏面找10個分數相加成為1？有誰願意嘗試嗎？

這好難啊，99個分數難道要一個一個加嗎？這樣無異於大海撈針。
其實……我想到一個辦法，不知道對不對。

因為分數之間相加相減時，如果分母是相鄰數字，這時它們之間除了1沒有公約數，只能相乘通分，就像 $\frac{1}{8}-\frac{1}{9}$ 只能是 $\frac{9}{8\times9}-\frac{8}{8\times9}=\frac{1}{72}$ 了。如果再將10之後的數字作為分母，相乘的結果必定會超過100，也就不在 $\frac{1}{100}$ 範圍內了。

$$\frac{1}{8}-\frac{1}{9} \qquad \frac{9}{8\times9}-\frac{8}{8\times9}=\frac{1}{72}$$

接下來，我們可以將等式變換一個形式。

$$1=1-\frac{1}{2}+\frac{1}{2}-\frac{1}{3}+\frac{1}{3}-\cdots-\frac{1}{10}+\frac{1}{10}$$
$$=(1-\frac{1}{2})+(\frac{1}{2}-\frac{1}{3})+(\frac{1}{3}-\frac{1}{4})+\cdots+(\frac{1}{9}-\frac{1}{10})+\frac{1}{10}$$

所以計算出結果：

$$1=\frac{1}{2}+\frac{1}{6}+\frac{1}{12}+\frac{1}{20}+\frac{1}{30}+\frac{1}{42}+\frac{1}{56}+\frac{1}{72}+\frac{1}{90}+\frac{1}{10}$$

這就是在 $\frac{1}{2}$ 到 $\frac{1}{100}$ 這99個分數裏面抽出的10個分數，它們相加的和就是1。

博物館的第二層是一些專題陳列室，裏面存放着不同時期的木乃伊和黃金面具。
鎮館之寶 —— 古埃及第十八王朝法老圖坦卡蒙的 1700 餘件隨葬品就在此處。

古埃及人真是非常聰明，在建築、文化、醫術、數學、宗教、天文等方面都有非常高的成就。

他們很早就繪製了星象圖，並且創造了埃及人自己的曆法 —— 太陽曆。

在建築上，他們建造了金字塔，還在金字塔前建造了獅身人面像。

而且今天我們提到的用紙莎草製成的埃及紙草書，也是目前發現的最古老的紙張。所以小朋友們，還有許多事情等着我們去探索呀！

20. 雪中來客——分數計算一題多解

吃飯了～
有人看到我的蜂蜜了嗎？
是誰在門外？
我們去開門吧。

是寒冰女巫！
異鄉人，我在找我的蜂蜜，你們看到了嗎？

沒有呢，你的蜂蜜怎麼了嗎？

我出去旅遊了 10 天，回來後，我山洞裏的蜂蜜就剩下一點了。據我留下的小精靈說，每天他醒來，山洞裏的蜂蜜就會少一半。

那有甚麼線索嗎？

按你的說法，你出去旅遊了 10 天，每天你山洞裏蜂蜜就會比前一天少一半。第一天少了 $\frac{1}{2}$，第二天少了 $\frac{1}{4}$，第三天少了 $\frac{1}{8}$…… 依次類推，就可以列出完整的算式：

$$\frac{1}{2}+\frac{1}{4}+\frac{1}{8}+\frac{1}{16}+\frac{1}{32}+\frac{1}{64}+\frac{1}{128}+\frac{1}{256}+\frac{1}{512}+\frac{1}{1024}$$

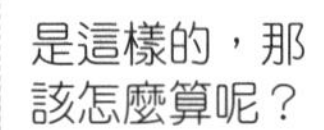

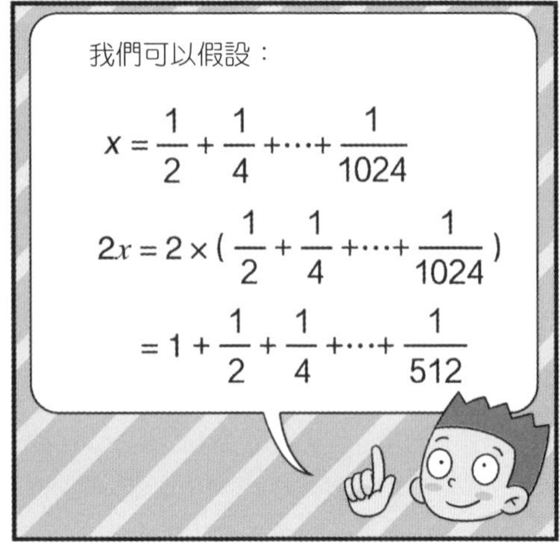

這兩個算式除了開頭和結尾，中間的部分是一樣的，所以可以把這兩個算式相減。

$$2x-x=(1+\frac{1}{2}+\frac{1}{4}+\cdots+\frac{1}{512})-(\frac{1}{2}+\frac{1}{4}+\cdots+\frac{1}{1024})$$

最後就可以得到：

$$x=1-\frac{1}{1024}=\frac{1023}{1024}$$

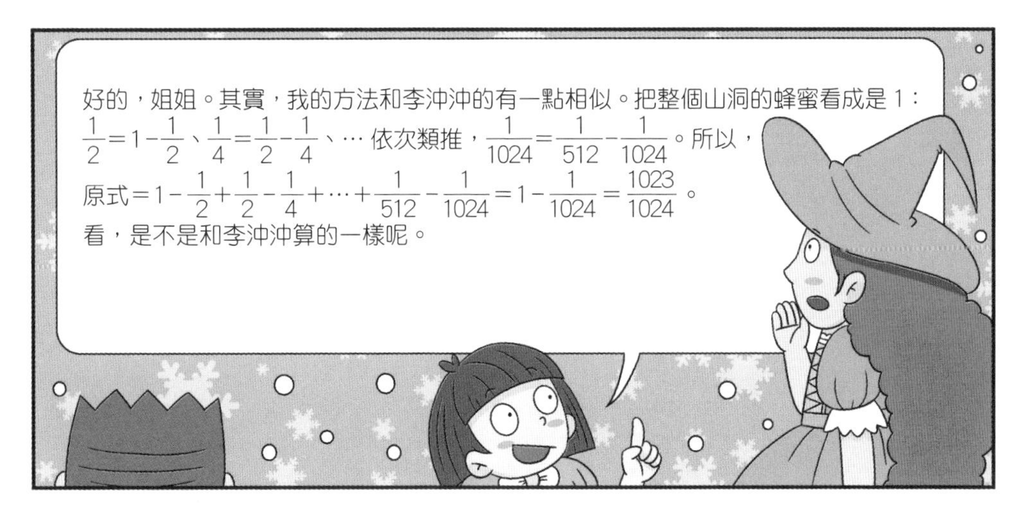

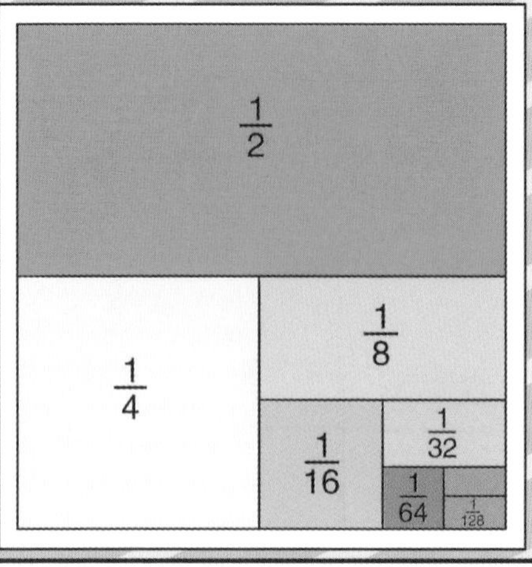

和朱栗一樣，把你的蜂蜜整個看作 1，畫一個正方形出來。山洞裏的蜂蜜第一天少了 $\frac{1}{2}$，就把正方形分成兩半；第二天又少了 $\frac{1}{2}$ 的 $\frac{1}{2}$，又把正方形的一半分成兩半；依次類推，我們就能畫出這幅圖。

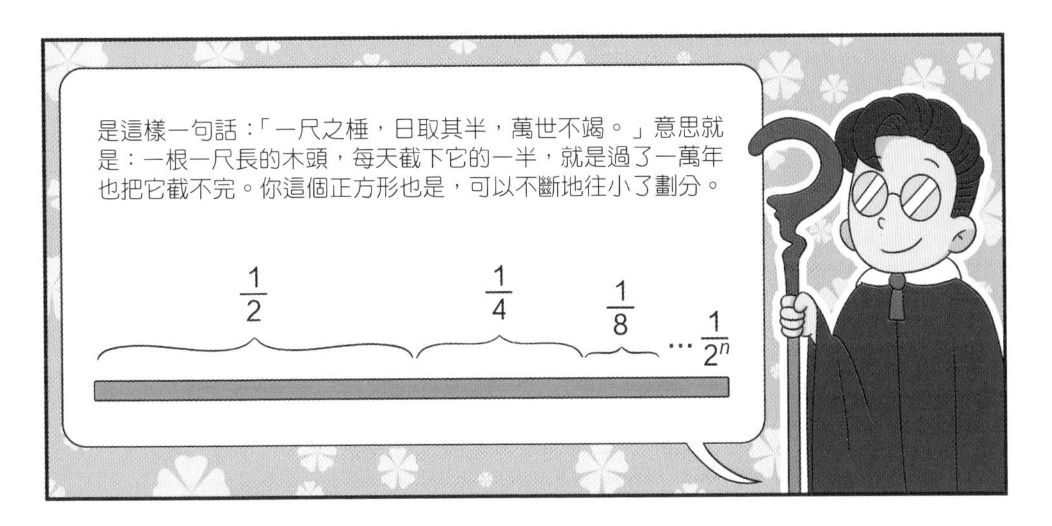
是這樣一句話：「一尺之棰，日取其半，萬世不竭。」意思就是：一根一尺長的木頭，每天截下它的一半，就是過了一萬年也把它截不完。你這個正方形也是，可以不斷地往小了劃分。
$\frac{1}{2}$ $\frac{1}{4}$ $\frac{1}{8}$ … $\frac{1}{2^n}$

其實，受到羅大頭正方形的啟發，我也想出來一個方法。
甚麼方法？

根據羅大頭畫出來的正方形可以看出來：$\frac{1}{2}$ 這一塊是 $\frac{1}{4}$ 的 2 倍，$\frac{1}{4}$ 這一塊是 $\frac{1}{8}$ 的 2 倍，$\frac{1}{8}$ 這一塊是 $\frac{1}{16}$ 的 2 倍⋯⋯ 依次類推。

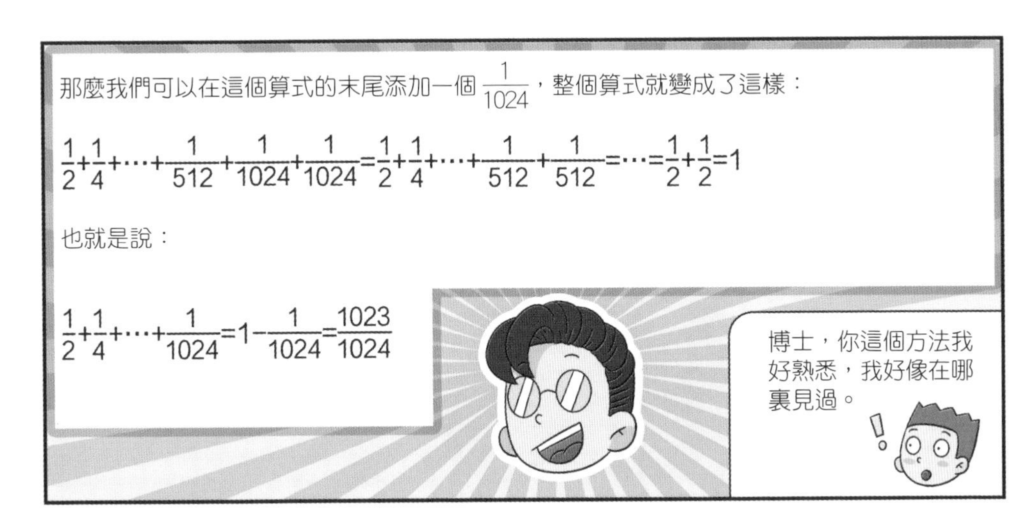
那麼我們可以在這個算式的末尾添加一個 $\frac{1}{1024}$，整個算式就變成了這樣：
$\frac{1}{2}+\frac{1}{4}+\cdots+\frac{1}{512}+\frac{1}{1024}+\frac{1}{1024}=\frac{1}{2}+\frac{1}{4}+\cdots+\frac{1}{512}+\frac{1}{512}=\cdots=\frac{1}{2}+\frac{1}{2}=1$
也就是說：
$\frac{1}{2}+\frac{1}{4}+\cdots+\frac{1}{1024}=1-\frac{1}{1024}=\frac{1023}{1024}$
博士，你這個方法我好熟悉，我好像在哪裏見過。

你當然見到過了，這就是中國古代著名的老漢分牛問題。問題是這樣的：張老漢家有三個兒子和 17 頭牛，家裏牛多錢少，兒子們要分家。老漢就這樣決定，大兒子種的地多，就分給他 $\frac{1}{2}$ 的牛和少量的錢；二兒子種的地少一點，就分給他 $\frac{1}{3}$ 的牛，適當多一些的錢；小兒子年齡最小地最少，種不了地，就分給他 $\frac{1}{9}$ 的牛，更多一些的錢。但是他們只有 17 頭牛，牛該怎麼分呢？
17
$\frac{1}{2}$
$\frac{1}{3}$
$\frac{1}{9}$

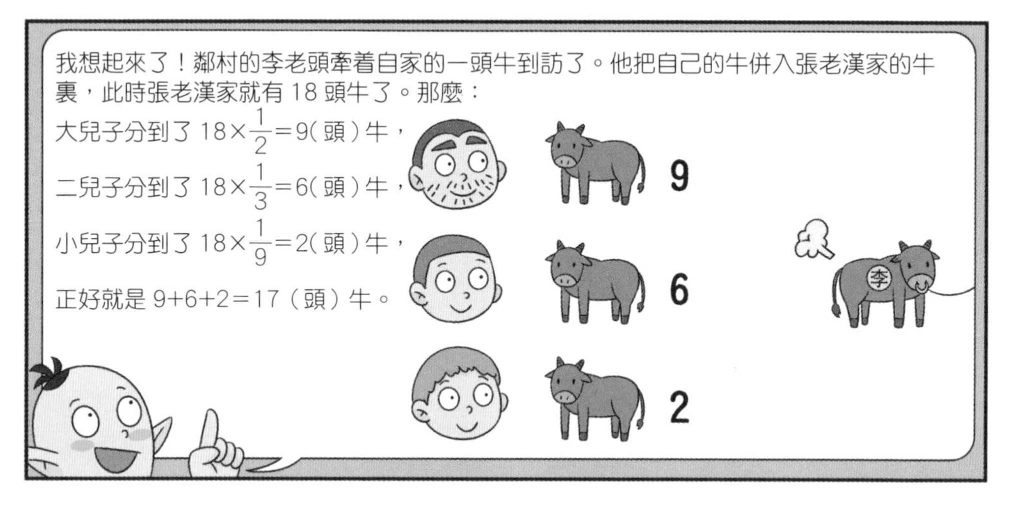
我想起來了！鄰村的李老頭牽着自家的一頭牛到訪了。他把自己的牛併入張老漢家的牛裏，此時張老漢家就有 18 頭牛了。那麼：
大兒子分到了 $18\times\frac{1}{2}=9$（頭）牛，
二兒子分到了 $18\times\frac{1}{3}=6$（頭）牛，
小兒子分到了 $18\times\frac{1}{9}=2$（頭）牛，
正好就是 $9+6+2=17$（頭）牛。
9
6
2
李

咳咳，原來我李老頭這麼聰明啊！
哈哈，李沖沖又在演戲了。

全員成功完成解題！

受你們啟發，我剛剛也想到了一個新的算法。

我是逐次遞推，來計算這個算式的。你們看：
$\frac{1}{2}+\frac{1}{4}=\frac{3}{4}$、$\frac{1}{2}+\frac{1}{4}+\frac{1}{8}=\frac{7}{8}$、$\frac{1}{2}+\frac{1}{4}+\frac{1}{8}+\frac{1}{16}=\frac{15}{16}$⋯
看出來規律了嗎？
好像每個算式結果中，分子都比分母少 1。

是的，所以
$\frac{1}{2}+\frac{1}{4}+\cdots+\frac{1}{1024}=\frac{1023}{1024}$。
這就是我山洞裏少的蜂蜜的份數。

是女巫！剛剛是你在呼喚我們嗎？

是的。請問你們看到過我的蜂蜜嗎？

對了，女巫姐姐，你的蜂蜜是甚麼樣子的？

我把它密封在罐子裏，然後冷藏在山洞裏面的。

這不就是剛才在小熊家裏看到的蜂蜜罐頭的樣子嗎？

不好意思，女巫大人。這些天我們太餓了，在山上找吃的時候發現這些蜂蜜，我們不知道是你的，對不起。

完了，女巫姐姐又要哭了。
女巫姐姐別難過。

沒關係，你們留着吧。

其實這些蜂蜜本來就是怕過冬的時候糧食不夠，準備送給小熊們的禮物。

嗚嗚嗚 ——

女巫，謝謝你！

雪中來客完美通關，
請領取你們的獎勵！

好耶！我們通過了計算關卡，成功幫助了女巫姐姐！

21. 尋找失蹤的 X——丟番圖的年齡

26個字母好像沒來齊，缺了誰呢？我們唱字母歌來點名吧。
好！

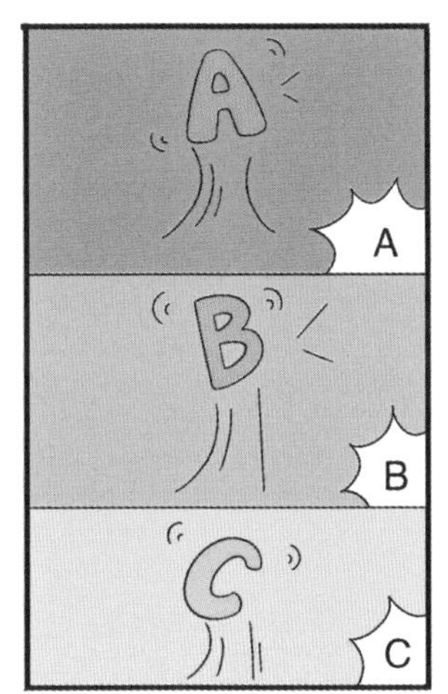
A
B
C

X……
X呢？
X

阿柳博士，X失蹤啦！您快找找他！

丟番圖

走，我們一起去把 X 找回來吧！

！
X 在這！

別再跑啦！

啊！

收！

你是誰？
行不改名，坐不改姓！未知數就是我！

是方程裏的未知數嗎？未知數就是一團迷霧嘛！
我想變成甚麼樣就能變成甚麼樣！

那你為甚麼跑進 X 的身體裏，還帶着 X 到這麼遠的地方來？
那是……那是因為我在阿柳博士的實驗室裏待太久了，都忘記自己怎麼變身了，所以才跑進 X 的身體裏。

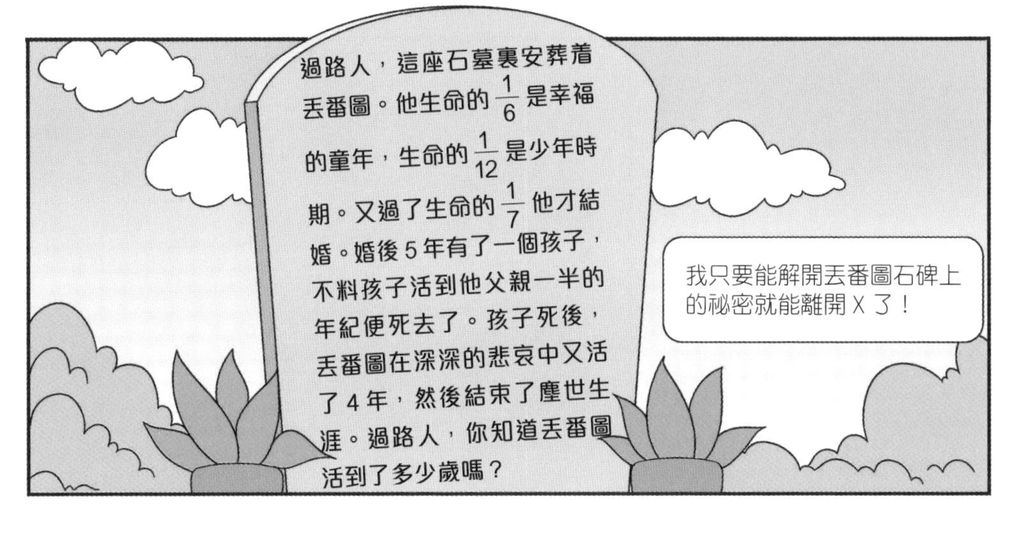
過路人，這座石墓裏安葬着丟番圖。他生命的 $\frac{1}{6}$ 是幸福的童年，生命的 $\frac{1}{12}$ 是少年時期。又過了生命的 $\frac{1}{7}$ 他才結婚。婚後 5 年有了一個孩子，不料孩子活到他父親一半的年紀便死去了。孩子死後，丟番圖在深深的悲哀中又活了 4 年，然後結束了塵世生涯。過路人，你知道丟番圖活到了多少歲嗎？
我只要能解開丟番圖石碑上的祕密就能離開 X 了！

你們要學有所用，用學過的知識來解決問題。
我們可以用學過的列方程的辦法解開這個謎題！

直接設他的年紀為 x 歲。
我們直接設丟番圖的年紀為 x 歲，然後再把他人生的各個階段的年數加起來就等於他的年紀了！

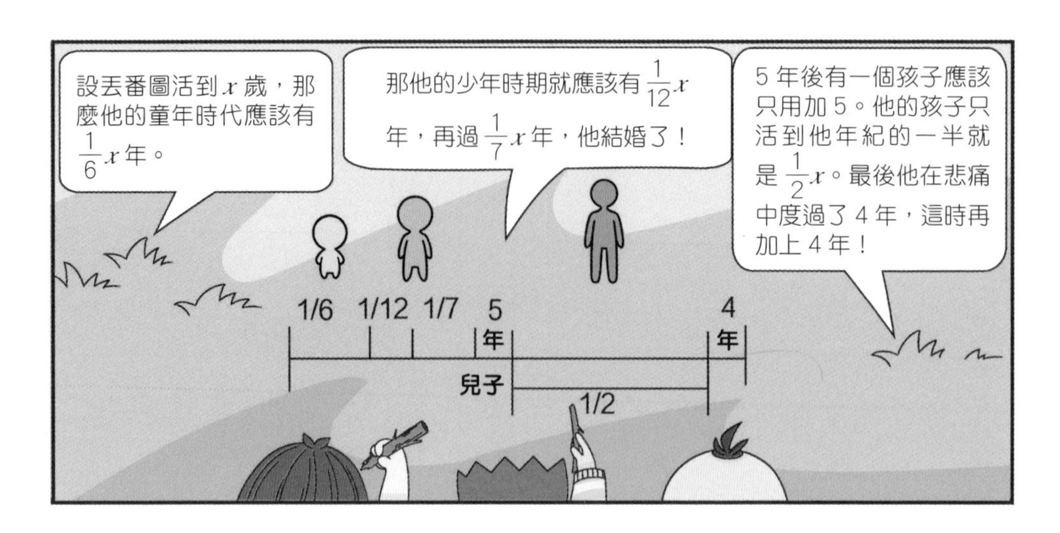
設丟番圖活到 x 歲，那麼他的童年時代應該有 $\frac{1}{6}x$ 年。
那他的少年時期就應該有 $\frac{1}{12}x$ 年，再過 $\frac{1}{7}x$ 年，他結婚了！
5 年後有一個孩子應該只用加 5。他的孩子只活到他年紀的一半就是 $\frac{1}{2}x$。最後他在悲痛中度過了 4 年，這時再加上 4 年！
1/6
1/12
1/7
5 年
4 年
兒子
1/2

加起來就等於我們設的年紀 x！
$\frac{1}{6}x+\frac{1}{12}x+\frac{1}{7}x+5+\frac{1}{2}x+4=x$

你們三個小傢伙真是太聰明了！現在，把這個方程解出來吧！
丟番圖的年齡是 84 歲！
啪啪

是誰解開了我的謎題？
丟番圖大人！您還記得我嗎？我是未知數啊！可是我現在都忘記怎麼變身了，您能告訴我嗎？
他就是丟番圖？

我介紹一下，丟番圖是古希臘亞歷山大大帝後期的重要學者和數學家。他的著作《算術》中討論了一次、二次方程，以及個別的三次方程，還有大量的不定式方程。直至今日，數論與代數中將只求整數解的不定方程稱為「丟番圖方程」。丟番圖也被後人稱為「代數學之父」。

「方程」這個詞最早出現在我國的《九章算術》中。「方」表示列籌成方，劉徽用「算籌」列出的方程就是把算籌擺成了一個長方形；「程」則是表示課程，所以方程就是「列籌成方的課程」。

在宋元時期，我國數學家提出了「天元術」的概念，相當於設未知數（即「元」之意），使不少無規律可循的較難求解的問題變得容易求解了！
在西方直到 16 世紀才出現未知數的概念。方程不僅是我國古代數學中的偉大成就，更是世界數學史上一份非常寶貴的遺產！

原來方程是這麼來的呀！中國古代的數學了不起啊！
謝謝你們解開了我的謎題！
多虧了數學！

22. 森林深處的商舖——「整數化」解分數應用題

在森林的深處，有一家賣各種奇珍異寶的商舖，不遠萬里到那裏買東西的人絡繹不絕。
商舖

阿柳博士，帶我們去那裏吧，聽說可以買任何東西！
我怎麼不知道？

帶我們去吧。
行行行，真拿你們沒辦法。去了你們就知道了。

嘿！你們快點啊！比比看誰先到。

他們倆在森林裏這麼跑沒問題嗎？要是迷路了怎麼辦？
別慌，前面有三頭狼等着他們呢。

遇到狼還沒問題嗎？
當然，他們還在為狼族裏的狼孩子煩惱呢。

砰！！

不好意思，打擾了。

來都來了，幫叔叔解決一個問題吧。

不敢解決，不敢解決。

這麼緊張做甚麼？我們又不吃你們。
只要你們倆把我們的問題解決了，我們可以帶你們在森林裏玩。

那要是解決不了呢？
嗷嗚！
你們懂的。

嗷嗚～
他們不會有事吧？

我們肯定幫你們解決問題，儘管發問吧！

我們兄弟兩個在比誰家新出生的孩子多。我已經知道我家裏的孩子比老灰家裏的孩子少了，但是不知道比老灰家裏的孩少了多少。

你們也來出點主意吧！
我們兩家一共有 54 隻新出生的孩子，老白家裏新出生的孩子的 $\frac{1}{4}$ 和我家裏新出生的孩子的 $\frac{1}{5}$ 相等。

然後可以發現，白狼新出生的孩子比灰狼新出生的孩子少了一段，這就是灰狼孩子比白狼孩子多的部分。

只需要算出 1 份代表多少隻狼孩子就可以了。

白狼：

灰狼：

54隻

兩家的新出生孩子一共有 5+4＝9（份），也就是 54 隻。那 1 份表示的數量就是 54÷9＝6（隻）。所以白狼新出生的孩子比灰狼新出生的孩子少 6 隻。

哈哈！原來這麼簡單！
這麼厲害，你是阿柳博士的學生吧？

你說阿柳博士？你們認識阿柳博士？

他們當然認識我了，他們還要帶我們去森林深處的商舖呢。

原來你是我們的嚮導啊。
當然啦，只有能答對我們問題的人才能去森林深處的商舖。

我們就只能把你們送到這了，商舖就在這座懸崖上，你們自己想辦法上去吧。

這麼陡峭的懸崖，攀岩高手也上不去吧。

讓讓！你們擋住我
去商舖的路了！

好可愛的小松鼠，他把蘑菇吃啦。

吃了蘑菇就能
飛上懸崖了！

嘿！夥伴們，我找到了！
在這裏！

你們找我做甚麼？
我們想要吃了能長
出翅膀的蘑菇。

飛行蘑菇？那可是稀有品種！這樣吧，你們幫我算算還有多少飛行蘑菇，要是數量多的話，我送你們一些也無妨。

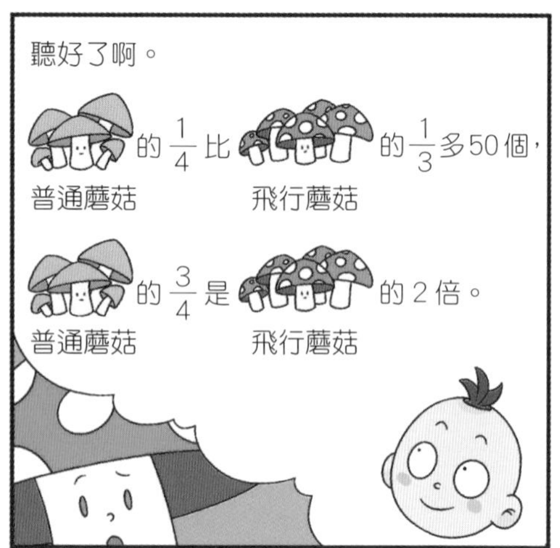
聽好了啊。
的 1/4 比 的 1/3 多50個，
普通蘑菇
飛行蘑菇
的 3/4 是 的 2 倍。
普通蘑菇
飛行蘑菇

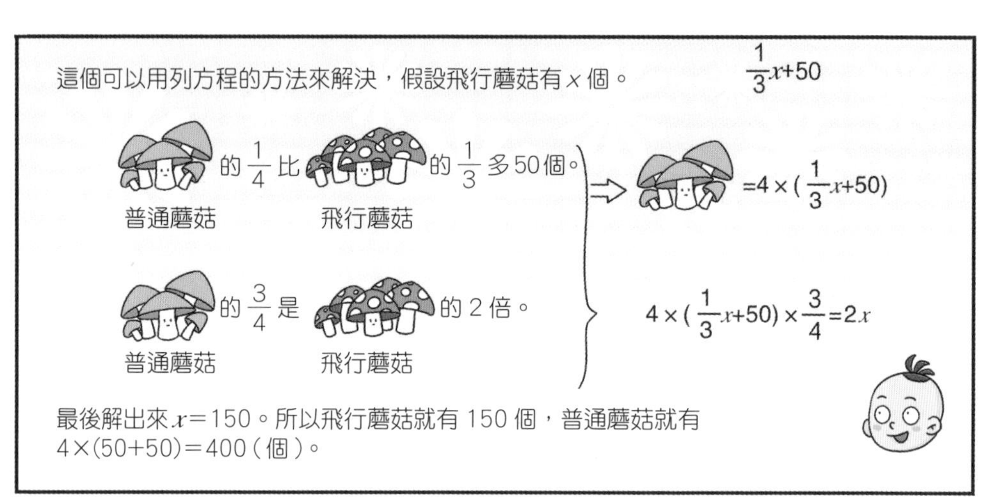
這個可以用列方程的方法來解決，假設飛行蘑菇有 x 個。
的 1/4 比 的 1/3 多50個。
普通蘑菇
飛行蘑菇
的 3/4 是 的 2 倍。
普通蘑菇
飛行蘑菇
1/3 x+50
=4 × (1/3 x+50)
4 × (1/3 x+50) × 3/4 =2x
最後解出來 x＝150。所以飛行蘑菇就有 150 個，普通蘑菇就有 4×(50+50)＝400（個）。

數量關係好複雜，我講一個簡單些的計算方法吧。
哦？說來聽聽。

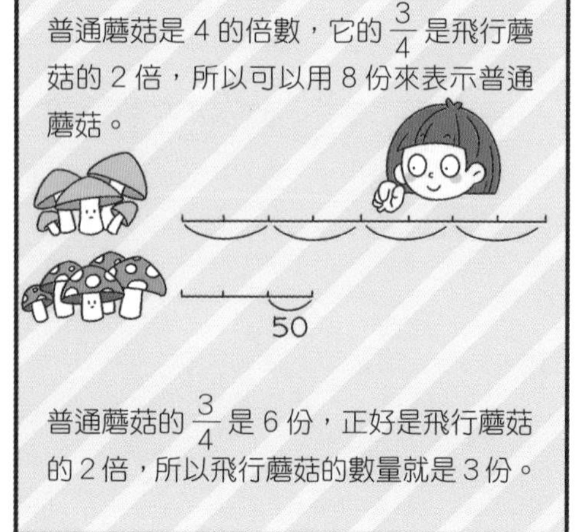
普通蘑菇是 4 的倍數，它的 3/4 是飛行蘑菇的 2 倍，所以可以用 8 份來表示普通蘑菇。
50
普通蘑菇的 3/4 是 6 份，正好是飛行蘑菇的 2 倍，所以飛行蘑菇的數量就是 3 份。

普通蘑菇的 $\frac{1}{4}$ 就是 2 份，飛行蘑菇的 $\frac{1}{3}$ 是 1 份，它們相差 50 個，所以 1 份蘑菇的數量就是 50 個。飛行蘑菇有 3 份，有 50×3＝150（個）。

50

神奇阿柳商舖
沒錯，這家傳說中的雜貨舖是我開的。
為甚麼開在這麼偏僻的地方呀？

當然是為了幫助森林裏的動物改善生活啊！

來吧！跟我一起看看我的商舖。

歡迎回來，主人。
商舖運轉一切順利嗎？

基本順利，但我們遇到了一個解決不了的問題。

我們昨天清點三個倉庫的貨物時，
遲遲統計不出總共有多少貨物。

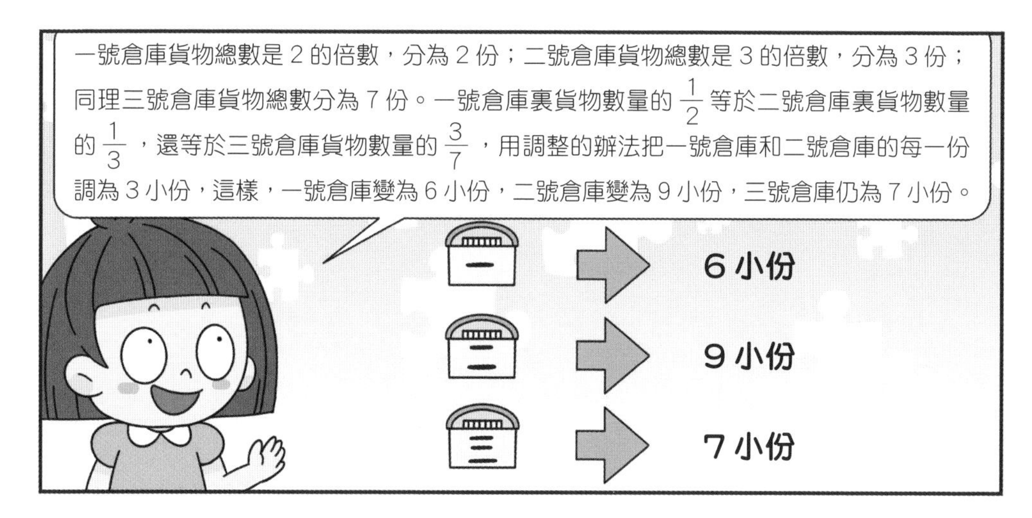

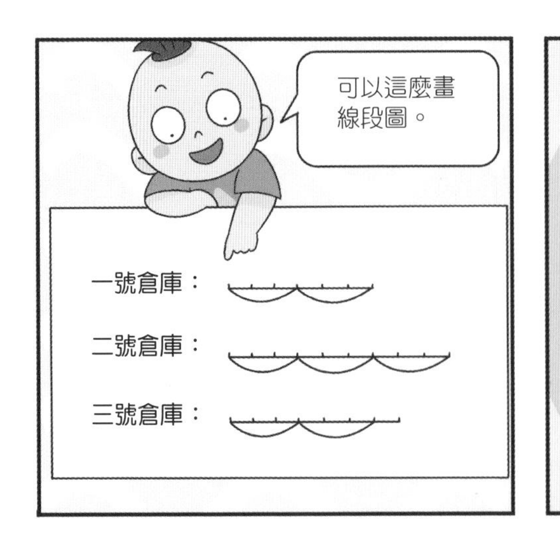

很容易可以看出一號倉庫比三號倉庫少了 1 小份。那麼 1 小份所代表的貨物數量就是 120 個，總共有 6+9+7＝22（小份），三個倉庫的貨物總數就是 120×22＝2640（個）。

列出綜合算式就是：

120÷(7−6)×(6+9+7)＝2640(個)貨物。

23. 漢諾塔之謎——遞推應用

李沖沖這幾天一直沉迷於這個叫作漢諾塔的玩具。朱栗和羅大頭沒有辦法，只好帶着李沖沖和他的新玩具來到了阿柳博士的實驗室裏。
你沉迷這個遊戲好幾天了！給我看看是甚麼遊戲這麼有吸引力！
你們幹甚麼？我還沒把這個遊戲玩明白呢！

看，就是這個。

這個要怎麼玩啊？

穿越開始！

這是哪裏啊？

打擾一下，請問這是哪裏？我們要怎麼回到阿柳博士的實驗室？

這裏是我神大梵天沉睡之地。我們是大梵天的玩具，漢諾塔。我叫諾，我上邊的那個叫漢，下邊的那個叫塔。

你們就是我這幾天
一直在解謎的玩具
漢諾塔！

你們只需要陪我們玩一
個小遊戲，我們就可以
把你們帶回去。

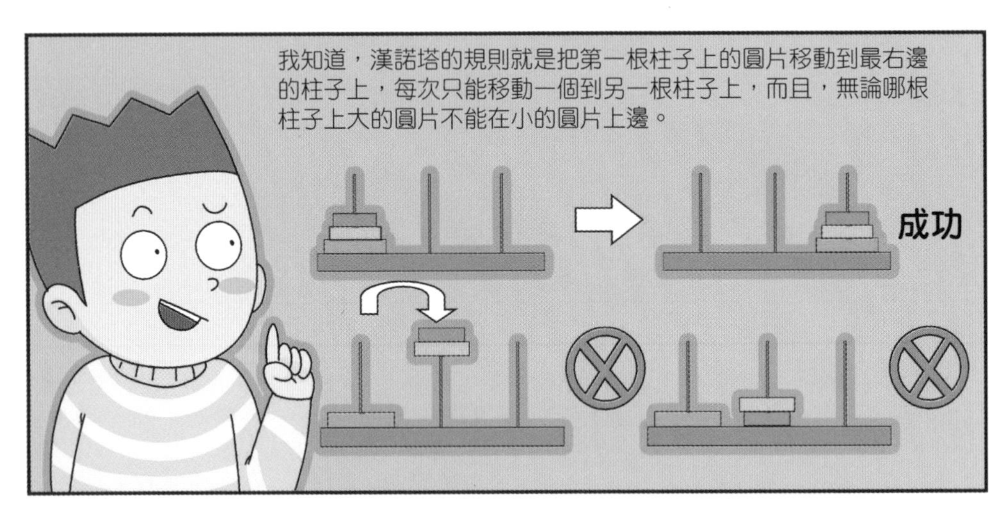
我知道，漢諾塔的規則就是把第一根柱子上的圓片移動到最右邊
的柱子上，每次只能移動一個到另一根柱子上，而且，無論哪根
柱子上大的圓片不能在小的圓片上邊。
成功

沒錯，我們三兄弟會聽
你們的指揮在三個柱子
上移動，小朋友們快開
始吧！

李沖沖你玩了這個
玩具幾天了，有甚
麼快速的方法嗎？
沒有啊，我這幾
天在家一直都沒
想出解決辦法。

那沒辦法了，我們先在紙上畫出自己的思路吧，這樣待會兒讓漢諾塔移動時，思路就不會出錯。

我有主意了。你們看，很簡單的，我們只需要這幾步就可以完成漢諾塔的要求了。
①
②
③
④
⑤
⑥
⑦
羅大頭你真聰明！

我覺得這樣
就好了！

轟轟轟轟轟轟！

剛才只是考驗你們能不能玩懂漢諾塔，現在才是我們完整的形態。要移動 64 個我們，你們想想辦法吧！
甚麼？！

你們怎麼可以耍賴呢？
我們是看你們太聰明了，考驗你們一下。

不要着急，只要我們掌握方法，一定可以破解這個遊戲的！

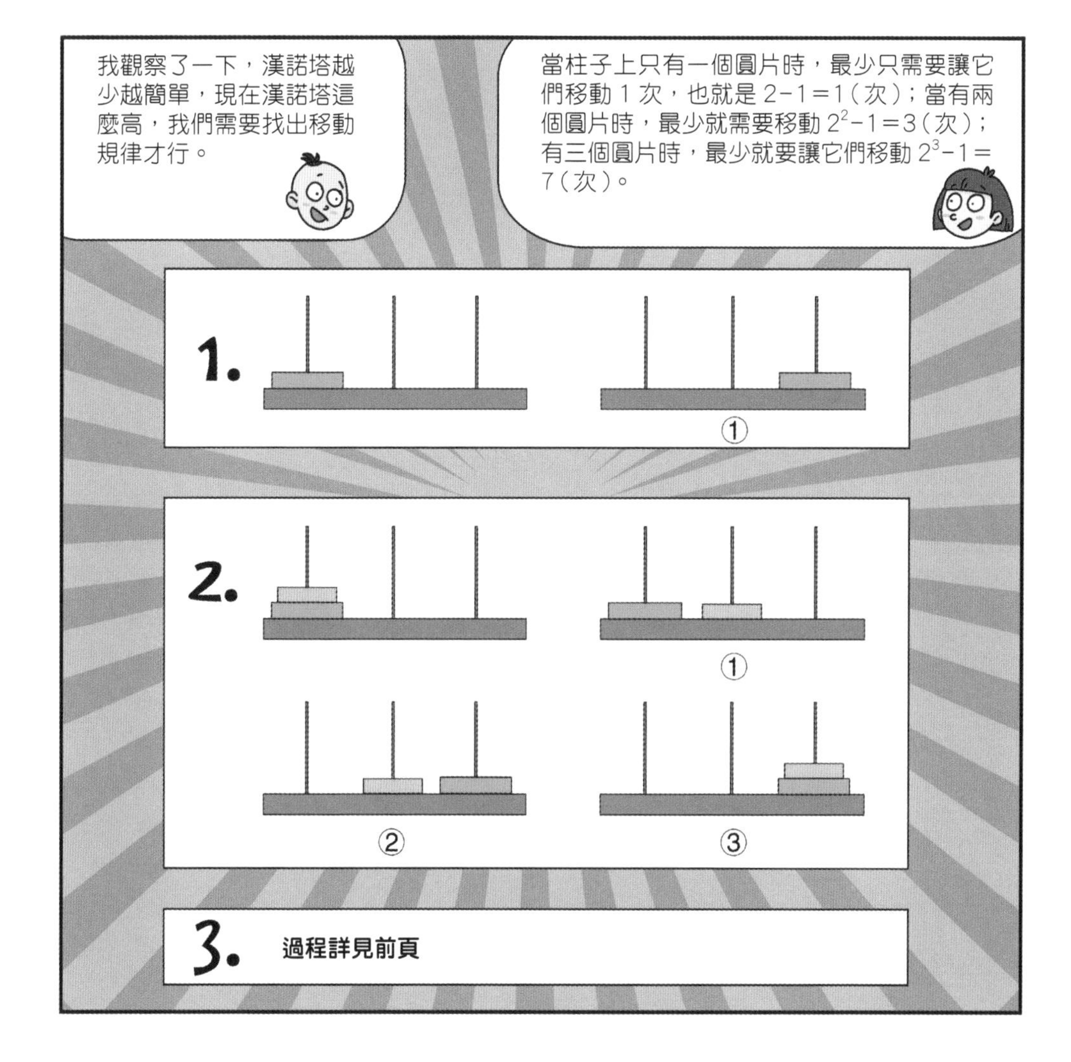
我觀察了一下，漢諾塔越少越簡單，現在漢諾塔這麼高，我們需要找出移動規律才行。
當柱子上只有一個圓片時，最少只需要讓它們移動 1 次，也就是 2−1＝1（次）；當有兩個圓片時，最少就需要移動 $2^2-1=3$（次）；有三個圓片時，最少就要讓它們移動 $2^3-1=7$（次）。
1.
①
2.
①
②
③
3. 過程詳見前頁

沒錯，這會兒有 64 個圓片，那麼我們至少就要讓它們移動 $2^{64}-1$ 次。那麼這個數就是，就是……
就是 18446744073709551615，假如你們每秒鐘移動一次，一分鐘移動 60 次，平均每年有 31557600 秒，你們就要 5845.42 億年才能完成這個遊戲。
博士！

根據宇宙大爆炸模型推算，宇宙的年齡才只有 138.2 億年，那我們豈不是世界末日了都完不成這個挑戰。
那我們怎麼辦啊？我想回家！
博士幫幫我們吧！
博士靜靜聽三人說完來龍去脈之後，心裏有了主意。
既然這裏是古印度，漢諾塔又是他們的玩具，那我們可以呼喚梵天，他應該是在這廟宇裏的。
梵天！

轟
轟
轟

很抱歉，三位小朋友，我的玩具在我沉睡的時候又調皮了。
梵天大人，您為甚麼會創造漢諾塔呢？

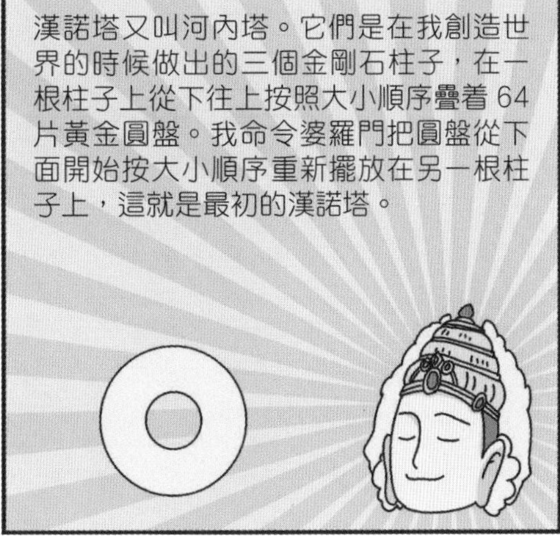
漢諾塔又叫河內塔。它們是在我創造世界的時候做出的三個金剛石柱子，在一根柱子上從下往上按照大小順序疊着 64 片黃金圓盤。我命令婆羅門把圓盤從下面開始按大小順序重新擺放在另一根柱子上，這就是最初的漢諾塔。

那您可以送我
們回去嗎？
當然可以。

再見了小朋
友們。

然而，他們卻被送
到了某個宴會上。
這裏又是哪？
我聽他們說這是宰相西薩·
班·達依爾舉行的宴會。如
果我沒記錯的話，這就是那
個國際象棋的發明者。
是不是那邊那
個在象棋盤上
放麥子的人？

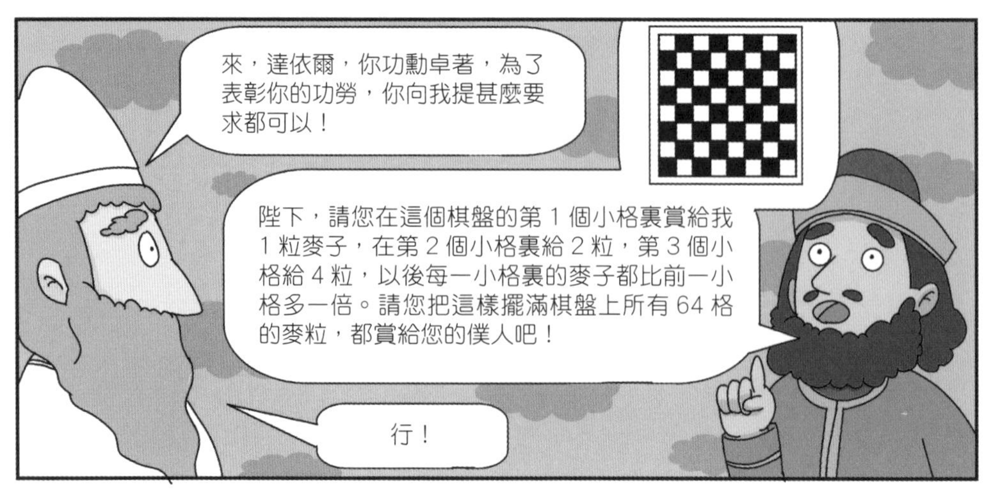
來，達依爾，你功勳卓著，為了
表彰你的功勞，你向我提甚麼要
求都可以！
陛下，請您在這個棋盤的第 1 個小格裏賞給我
1 粒麥子，在第 2 個小格裏給 2 粒，第 3 個小
格給 4 粒，以後每一小格裏的麥子都比前一小
格多一倍。請您把這樣擺滿棋盤上所有 64 格
的麥粒，都賞給您的僕人吧！
行！

隨着放在棋盤上的麥子越來越多，國王的笑容越發僵硬，國王一副快要暈過去的樣子。
這麼多麥子，我就是把整個王國的麥子都拿出來，恐怕都不夠啊！

達依爾要的麥子數跟你們要完成漢諾塔的步驟數一樣多，可能全世界兩千年也產出不了這麼多麥子吧！

抱歉小朋友們，我沉睡太久，有點生疏了，現在就送你們回去。
是梵天大人！

太好了，我們終於回來了！

24. 暢遊嘉年華——
可能性問題

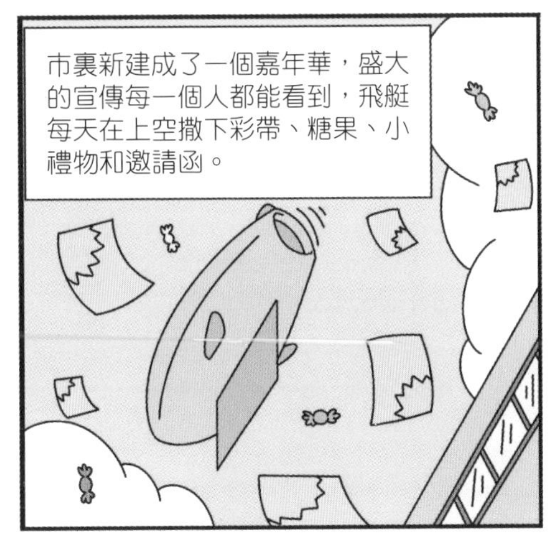
市裏新建成了一個嘉年華，盛大的宣傳每一個人都能看到，飛艇每天在上空撒下彩帶、糖果、小禮物和邀請函。

是嘉年華呢！周末讓博士帶我們去吧！

週末
快點快點！嘉年華大門就在前面了！

我們的導遊居然是一隻老虎！

歡迎來到可能性嘉年華，我們的宗旨是：一切皆有可能。

買票是通過現金、會員卡、手機、「刷臉」等方式支付，而今天推出了一種可能性點數支付，在小遊戲中獲得勝利，就可以獲得點數，點數可以用來支付門票錢和換取神祕禮物哦。

	記錄	次數
現金	正	5
會員卡	正正正正正正	30
手機	正正正正正正正正	40
刷臉	正正正正正正下	33

這是我在某個時間記錄到的大家購買門票的支付方式情況。你們能預測下一位遊客可能會選擇哪種支付方式嗎？

阿柳博士，這四項中包含的人數，有些多，有些少，是不是這就代表了有些可能性大，有些可能性小？
說得沒錯！

那用現金的人最少，只有 5 個，就是說明接下來遊客使用現金的可能性也很小！而使用手機支付的人最多，有 40 個，也就是使用手機支付的可能性最大！
點頭
可能性可不是必然性哦，凡事還是有例外的。

可能性嘉年華歡迎你們！

嘩！
摩肩
接踵

你們看！前面有一個好大的盒子！

原來是樹懶先生正在變魔術啊！
慢吞吞

緩慢～
唉……這得變到
甚麼時候啊！

有沒有觀眾願意幫
幫忙！這裏可以贏
取可能性點數哦！
讓我們來！
zzZ

真是太感謝你們了！我們現在要在
盒子中放黃、白兩種顏色的 6 個小
球，要求任意摸一次，使摸到黃球
的可能性比白球的大，盒子中可以
放幾個黃球？
?

這個問題我
來做！

我們知道，如果兩種球數量相等，則
拿到它們的可能性就是一樣大，而要
保證拿到黃球的可能性大，那麼黃球
的數量就一定要比白球多，也就是可
以放 4 個或者 5 個進去！
×4 或 ×5

謝謝你！拿着這
份可能性點數去
兌換禮物吧！

有點數了！我們快到兌獎台去吧！

哎喲！
咚！

這裏是我們的表演舞台，來參加表演者就有可能性點數拿的哦～

每個圓盤分成了8 個相等的扇形區域。

第一個圓盤上的指針可能停在紅色、藍色或黃色區域，並且停在藍色區域的可能性最小，停在黃色區域的可能性最大。
第二個圓盤的指針可能停在紅色、藍色區域，並且停在紅色區域的可能性比停在藍色區域的可能性小。

哎呀！
是幾桶顏料！

第一個圓盤的指針停在藍色區域的可能性最小，那麼就只塗一份藍色；停在黃色區域的可能性最大，黃色一定是最多的。
唰～
唰～

所以我們有兩種塗色方法：一是塗 1 份藍色、2 份紅色、5 份黃色；二是塗 1 份藍色、3 份紅色、4 份黃色。

第二個圓盤要使指針停在紅色區域的可能性比停在藍色區域的可能性小，那麼也就是說藍色的部分要比紅色的多。

可以塗成 3 份紅色，5 份藍色；或者 2 份紅色，6 份藍色；再或者是 1 份紅色，7 份藍色。

去吧！那裏就是兌獎的地方！
兌獎台

兌獎台真是人
山人海啊！
擁擠

麻煩讓一讓！

來來來！快來看看！猩猩爵士和
鴿子爵士正在對決啊！

第一回合兩人同時各摸1張卡片，兩張卡片上的數字的積是單數則猩猩爵士贏，積是雙數則鴿子爵士贏。你覺得誰贏的可能性大？

這6個數字可以
有15種組合！
1
2
3
4
5
6

兩人摸到的卡片上的數字可能出現：
1和2，1和3，1和4，1和5，1和6，2和3，2和4，2和5，2和6，3和4，3和5，3和6，4和5，4和6，5和6。
其中積是雙數的有12種情況，積是單數的有3種情況，所以鴿子爵士贏的可能性大。

那第二回合兩人分別摸2張卡片，誰的數字之和大誰贏。猩猩爵士先摸，摸後不放回，摸到了2和4，你覺得誰贏的可能性大？

第二回，猩猩爵士先摸到了2和4。
2
4

2和4，和為6，鴿子爵士摸到的卡片可能出現
1+3=4，1+5=6，1+6=7，3+5=8，3+6=9，5+6=11
這6種情況。

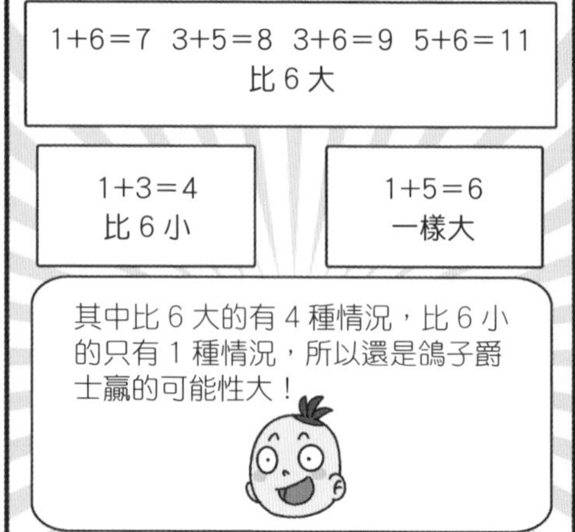
1+6=7 3+5=8 3+6=9 5+6=11
比6大
1+3=4
比6小
1+5=6
一樣大
其中比6大的有4種情況，比6小的只有1種情況，所以還是鴿子爵士贏的可能性大！

鴿子爵士飛過來了！

你們真是太厲害了！一下子就把結果算出來了！你們是來兌獎的吧？來，這是一份禮物，請拿好！

嘉年華無限次免費遊玩券？
免費

也就是說以後我們可以隨時來這裏玩了！
真是太值了！

25. 拜訪數學家華羅庚

三個小夥伴一大早就來到了阿柳博士的實驗室。
阿柳博士說，今天要帶我們去拜訪一個偉大的數學家。
阿柳博士人呢？怎麼還沒到？

大老遠就聽到李沖沖你在這說我了，來幫幫手吧。

準備好就走吧，我們一起去看看那位著名的數學家。

出發吧！

現在是民國十四年。
民國十四年是哪一年啊？
民國十四年是 1925 年。阿柳博士，我們要拜訪的數學家是誰啊？

阿柳博士帶着眾人來到一間雜貨舖前。
雜貨舖

這就是我們要拜訪的數學家了。

阿柳博士，這明明是個管雜貨舖的嘛，哪裏有數學家的樣子？

不信啊？那我們把時間加速一下。
轉動～
錶盤～

時間飛速前進，見證了這個雜貨舖的青年在 5 年間努力鑽研數學知識，還因為傷寒落下了左腿終身殘疾的病根的畫面。

1930 年，這位青年憑借自己的努力在雜誌上發表了《蘇家駒之代數的五次方程式解法不能成立之理由》，轟動了數學界。

1935 年，數學家諾伯特·維納訪問中國時，注意到了這位青年的數學天賦，極力向英國數學家哈代推薦了他。

最終，青年前往了英國劍橋大學學習。

在劍橋的校園裏，青年對數學的研究日益加深，在華林問題上有了很多結果，並且在英國的哈代－李特爾伍德學派的影響下受益匪淺。他至少有 15 篇論文是在劍橋的時期發表的，其中一篇關於高斯的論文讓他在國際數學界嶄露頭角。

青年回國後擔任了清華大學的正教授，並跟隨學校遷至昆明的國立西南聯合大學。

在昆明的吊腳樓上，青年寫了 20 多篇論文，並完成了自己的第一部數學專著《堆壘素數論》。

終於猜出來了啊，沒錯，他就是中國現代數學之父 —— 華羅庚。我們繼續看他的事跡。

點頭～

時間來到了 1946 年，華羅庚應邀前往蘇聯，同年前往美國普林斯頓高等研究所訪問。

到了 1948 年，他被美國伊利諾伊大學聘為正教授，在美國有了優渥的生活。

現在的生活好起來了，總算不是當初在雜貨店的日子了。

但華羅庚先生在新中國成立之後，毅然放棄了美國的優渥生活，回到了祖國的懷抱。

我還記得他寫的那封《致中國全體留美學生的公開信》裏說的話。

朋友們：

道別，我先諸位回去了。我有千言萬語 …… 朋友們！「梁園雖好，非久居之鄉」，歸去來兮！…… 如果我們遲早要回去，何不早回去，把我們的精力都用之於有用之所呢？…… 朋友們！語重心長，今年在我們的首都北京見面吧！

在歸國的輪船上，華羅庚先生和其他歸國的科學家共同拍下了一張照片。

從海外歸來的華羅庚先生，受到了祖國和人民的熱烈歡迎。他回到清華園擔任數學系主任，不久又被任命為中國科學院數學研究所所長。

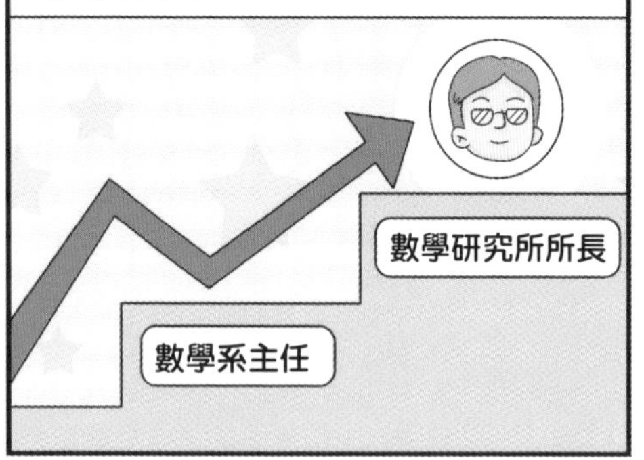

自此之後，他不僅連續做出了令世界矚目的突出成績（如《典型域上的多元復變函數論》獲得國家自然科學一等獎），還培養了一大批數學人才。

為了摘取數學王冠上的明珠，在應用數學的研究、試驗和推廣領域，他傾注了大量的心血。

數十年間，華羅庚先生發表了 152 篇重要數學論文，出版了 9 部數學著作。

1984 年，華羅庚在華盛頓出席了美國科學院授予他外籍院士的儀式。

1985 年，華羅庚到日本東京大學作報告，原定的 45 分鐘報告在經久不息的掌聲中延長到了一個多小時。

在華羅庚結束講話時，心臟病突發倒在了講台上。一代數學家，就此隕落。

阿柳博士帶着哭個不停的三個小朋友通過時光機回到了實驗室。

嗚嗚嗚……
對，我們不哭，我們要接過華爺爺的重任呢。
嗚嗚嗚……
是啊，你們記得華爺爺曾經說過的話嗎？
EXIT

記得。天才在於積累，聰明在於勤奮。
勤能補拙是良劑，一分辛苦一分才。

數學的用處非常廣，不但是生產的工具，也是研究其他理論的工具，還是幫助深入思考的工具。

記住華爺爺的諄諄教誨，接過他留下的旗幟，奮力往前吧！
衝啊！
XIT

我的數學奇趣世界

在這裏寫下關於數學的奇思妙想吧。